地理信息科学尺度及其变换机制理论研究

刘 凯 著

中国财经出版传媒集团

经济科学出版社
Economic Science Press

图书在版编目（CIP）数据

地理信息科学尺度及其变换机制理论研究/刘凯著.
—北京：经济科学出版社，2017.7
ISBN 978 - 7 - 5141 - 8310 - 8

Ⅰ.①地…　Ⅱ.①刘…　Ⅲ.①地理信息学 - 研究
Ⅳ.①P208.2

中国版本图书馆 CIP 数据核字（2017）第 187820 号

责任编辑：刘　莎
责任校对：杨　海
责任印制：邱　天

地理信息科学尺度及其变换机制理论研究
刘　凯　著
经济科学出版社出版、发行　新华书店经销
社址：北京市海淀区阜成路甲 28 号　邮编：100142
总编部电话：010 - 88191217　发行部电话：010 - 88191522
网址：www. esp. com. cn
电子邮件：esp@ esp. com. cn
天猫网店：经济科学出版社旗舰店
网址：http://jjkxcbs. tmall. com
北京季蜂印刷有限公司印装
710×1000　16 开　13.75 印张　220000 字
2017 年 7 月第 1 版　2017 年 7 月第 1 次印刷
ISBN 978 - 7 - 5141 - 8310 - 8　定价：49.00 元
（图书出现印装问题，本社负责调换。电话：010 - 88191510）
（版权所有　侵权必究　举报电话：010 - 88191586
电子邮箱：dbts@ esp. com. cn）

数字制图与国土信息应用工程国家测绘地理信息局重点实验室开放基金（GCWD201410）

省部共建黄河中下游数字地理技术教育部重点实验室开放基金（GTYR2011005）

河南大学地理学优势学科建设经费

资助出版

前　　言

　　尺度是人们认知和测度的依据和标准。在社会中，尺度问题无处不在。在地理信息科学以及地理学、景观生态学、水文学、遥感科学等学科中，尺度都是重要的基础性研究课题。尺度问题是地理信息科学的核心理论问题，以至于 Goodchild 提出要建立"尺度科学"。对于地理信息来讲，在其整个运动过程的每个环节从地理现象本身到测度、建模、分析处理、表达等，人们都离不开对其尺度问题的关注。传统上，空间尺度的界定标准就是地图比例尺，人们通过比例尺来界定所描述地理信息的详细程度。但是地理信息数字环境的出现，地理信息的获取、处理、分析、表达等各方面都出现了新的情况，特别是时态 GIS、虚拟地理环境、多维 GIS 等的出现，人们不仅开始关注时间与时态问题，与此同时，人们也开始注意到对于地理事物或者地理实体类型和属性抽象程度的刻画，这便是语义尺度。本书认为地理信息尺度是界定地理信息空间特征、时间特征及语义特征的标准与规范，反映了人们对于地理现象、过程的测度、分析、认知、建模、表达的范围与抽象程度。由于各种主、客观条件的限制，人们往往要从一定尺度的地理信息来获得更加概括或者更加详细的地理信息，这就是地理信息的尺度变换，尺度变换是地理信息科学的重要研究内容。通常情况下，人们往往更多地关注地理信息的空间尺度变换，实际上地理信息的尺度变换在时间和语义维度也是广泛存在的，地理信息科学尺度变换包括时间尺度变换、空间尺度变换和语义尺度变换。

　　本书主要在以下几个方面做了创新性的工作：

（1）介绍了地理信息科学提出的背景与发展情况，概括了人们对地理信息科学概念及学科体系的探讨——三种主流观点的地理信息科学，探讨了尺度问题在地理信息科学中的重要性。尺度在社会中具有广泛含义，尺度是描述、判断和界定事物的依据，它是人们认知和测度的标准。综述了尺度及尺度变换在地理信息科学、地理学、遥感、水文学等学科的研究现状，并对地理信息科学研究中存在的尺度及其变换问题进行了分析。

（2）在借鉴其他学科尺度问题研究成果的基础上，结合地理信息科学本身的特点，提出并阐述了地理信息科学中尺度的三重概念体系，即尺度的种类、尺度的维数、尺度的组分。界定了尺度的内涵及三重概念之间的关系，探讨了地理信息的尺度特性。

（3）在阐述基于对象模型的地理信息和基于域模型的地理信息建模特征的基础上，探讨了地理细节层次的含义及其的刻画与空间幅度、粒度（分辨率）、间隔、频度、比例尺的密切关系。阐述了地理信息空间尺度的变换类型，把其分为空间尺度上推和空间尺度下推，并详细探讨了基于对象模型的地理信息的空间尺度变换和基于域模型的地理信息的空间尺度变换的变换机制。

（4）在对时间的基本元素进行形式化定义的基础上，对地理事件线性拓扑关系进行了形式化的描述，探讨了时间尺度的变换类型与变换机制。在此基础上探讨了时间粒度变化对地理事件之间线性时间拓扑关系的影响，并以实例分析与证实了时间粒度变化对地理事件线性时间拓扑关系刻画的影响。指出在地理信息科学中，时间尺度的内涵是指对于地理过程、地理实体的空间及其属性随时间变化描述的抽象程度，这主要是通过时间尺度的组分即时间长度（幅度）、间隔、频度和粒度来刻画的。

（5）探讨了地理信息语义、地理信息语义尺度的内涵，并在此基础上探讨了地理信息语义尺度与空间尺度和时间尺度的关系、地理本体和语义尺度的关系。探讨了地理信息语义尺度的变换机制并进行了形式化描述，把地理信息语义尺度变换分为等级关系的语义尺度变换、分类关系的语义尺度变换及构成关系的语义尺度变换，阐述了分类关系的语义尺度变换及构成关系的语义尺度变换函数的联系与区别。

目　录
CONTENTS

I

第1章 绪 论
——兼论地理信息科学

1.1 地理信息科学的提出与发展背景

地理信息科学产生是地理信息系统技术及其应用发展到一个相当水平后的必然要求（Goodchild M.，1992）。地理信息系统从 20 世纪 60 年代中期萌芽，到现在差不多过了半个世纪，已经发展得相当成熟，地理信息系统作为传统学科地理学与现代信息技术相结合的产物，正逐渐发展成为一门处理空间数据的现代化综合学科。地理信息系统的发展和应用使得人们往往面对相关的科学理论问题，而不仅仅是技术问题。Goodchild 于 1992 年提出了地理信息科学的概念，1992 年在国际杂志 *IJGISystem* 上发表 *Geographical Information Science*，从而标志着地理信息科学作为一个学科正式成立，自此关于地理信息科学理论、方法的研究与相关活动，在国际上也逐渐展开、活跃。例如，1996 年国际杂志 *IJGISystem* 改名为 *IJGIScience*，美国国家科学基金委从 1997 年 2 月至 2000 年 2 月资助了地理信息科学相关的 Varenius 研究项目。地理信息科学的出现是地理信息系统发展与广泛应用的必然结果。在过去的十几年中，地理信息科学已经成为学术研究的焦点（Kark D. M.，2003），在一定的程度上它是关于地球的一门新的学科，就像二十年前认知科学对于脑科学是一门新科学一样（Gardner，1985）。地理信息科学的出现使人们对地理信息的关注从技术层面逐渐转移到理论层面。实际上，20 世纪 80 年代，美国地理信息系统协会的一些研究者就开始发展一些组织去开拓他们与此相关的研究兴趣；1992 ~ 1993 年开展了一系列的讨论；1994 年在科罗拉多的 Boulder 年召开了地理信息科学发展史上具有重要意义的会议；1996 年美国地理信息科学大学联合会提出了地理信息科学的十大前沿研究领域。

1.1.1 地理信息技术的发展

20 世纪 60 年代中期地理信息系统出现萌芽（陈述彭等，1999），加拿大的 Tomlinson 和美国的 Marbel 在不同的地方、从不同的角度提出了地理信息系统。1962 年 Tomlinson 提出利用数字计算机处理和分析大量的土地利用数据，建议建立加拿大地理信息系统（CGIS），以实现地图的叠加、量算等操作，1972 年 CGIS 投入使用。Marbel 利用数字计算机研制数据处理软件系统，以支持大规模城市交通，并提出建立地理信息系统软件系统的思想。与此同时，英国等也开始了相关的研究。陈述彭（1999）等把地理信息系统的发展分为四个阶段：20 世纪 60 年代是地理信息系统的开拓期，注重于空间数据的地学处理，开发了一些地理信息系统软件包，如美国哈佛大学研究开发的 Symap、马里兰大学的 MANS 等（陈述彭等，2002）；70 年代为地理信息系统的巩固时期，注重于地理信息的管理；80 年代为地理信息系统技术大发展时期，注重于空间决策支持分析，地理信息系统应用日益广泛，并得到了各个国家政府的支持，成立了相应的研究机构；90 年代是地理信息系统的用户时代，一方面地理信息系统成为许多部门的必备工具；另一方面，社会对地理信息系统的认可度更高，使其应用更广泛和深入，成为现代社会的基本服务系统。21 世纪初，随着新的信息技术，如 Web 技术、虚拟现实技术、多媒体技术等的发展以及其与 GIS 的结合应用，地理信息系统出现了网络化、时态化、多维化、组件化等新的特点，地理信息系统的社会化更为突出。

伴随着地理信息系统的发展，地理信息的获取与传输技术，如卫星遥感（RS）、全球定位技术（GPS）、网络技术（Web）也获得了极大发展，虚拟现实技术的出现，使地理信息的表达更加符合人的认知特点。遥感作为一门技术是在 20 世纪 60 年代出现的。1960 年美国学者 Pruitt 为了比较全面地概括探测目标的技术和方法，把以远距离与非接触方式获得被探测目标的影像或数据的技术称为遥感，并于 1962 年在美国密执安大学等单位举行的环境科学讨论会上被正式采用。最早出现的是航空遥感，用于军事领域。1903 年出现了世界上第一架飞机，1915 年出现了世界上第一台航空专用相机，之后航空遥感被广泛用于军事侦察，20 世纪 20 年代后也被广泛应用于地质、土木工程的勘测和制图等领域。最初主要是黑白摄像技术，"二战"之中出现了彩色、红外和光谱带照相技术。航天遥感技术出现于 20 世纪 70 年代。1972 年美国发射了第一颗地球资源技术卫星，以后陆续发射，共发射了六颗这样的卫星，从第二颗卫星起改名为陆地卫星。20 世纪 80 年代以后，法国、俄罗斯、加拿大也陆续发射一系列卫星，航天遥感技术进入全面发展和应用的新阶段。热红外成像技术和微波遥感技术是近几十年来发展起来的、具有美好应用前景的两类遥感技术。随着传感器技术、航空和航天平台技术、数据通信技术的发展，现代遥感技术已经进入一个能够动态、快速、准确、多手段提供多种对地观测数据的新阶段。目前遥感技术正由定性、静态向定量动态发展。空间分辨率越来越高，民用的已达到米级，而军事用途的可达到分米级；光谱分辨率已达到纳米级，波段数已增加到数十个甚至数百个；回归周期更短，有的已达到十几个小时。卫星遥感不但可以实现地理信息的实时更新，而且分辨率也越来越高，同时它的数据的获取范围也越来越大。卫星遥感的发展使得海量的地理信息数据的快速获得成为可能，但是目前能被利用的只占数据总量的20%左右（程继承等，1999）。

1973 年美国国防部组织海陆空三军，共同研制建立新一代卫星导航系统"Navigation Satellite Timing and Ranging/Global Positioning System"，即"授时与测距导航系统"，通常称为"全球定位系统"（GPS）（王惠南，2003）。它是以卫星为基础的无线电定位、导航系统，可为航天、航空、航海、陆地、交通测绘等部门提供不同精度的、在线或离线的空间定位数据。主要被用于实时、快速地提供目标，包括传感器和运载平台的空间位置。GPS 整个系统由空间卫星、地面监控站和地面接收机三部分组成。GPS 全球定位系统的空间星座由 24 颗卫星构成。24 颗卫星部署在 6 个轨道平面中，每个轨道平面升交点的赤经相邻 60°，轨道平面相对地球赤道面倾角为 55°，每个轨道上均匀分布 4 颗卫星，相邻轨道之间的卫星要彼此错开 30°，以保持全球均匀覆盖的要求，轨道的平均高度为 20200 千米，运行周期为 11 小时 58 分钟。这样可保证在地球的任意一点上可同时接收到 4 颗以上卫星发出的信号，从而实现瞬间定位。地面监控站目前有 5 个，分布在全球范围，用于检测和预报卫星的轨道。用户接收机由天线单元和接收机单元组成，主要用于解码、分离导航电文、进行相位和伪距测量。利用 GPS 定位，是把卫星视为"飞行"的控制点，利用地面接收机同时测量它到几颗卫星的距离，通过构建方程组求得接收天线的所在地面位置。卫星的瞬间坐标可通过卫星的轨道参数计算得出。目前，世界上用于空间定位的系统除了 GPS 外，还有俄罗斯的 GLO-NASS 系统和我国的北斗定位系统。卫星授时与测距导航系统不仅可以实时准确地提供位置信息，同时也能够进行精确测量。

虚拟现实技术是一项涉及计算机图形学、数据库技术、人机交互技术、传感技术、人工智能技术等领域的综合集成的高新技术。它用计算机生成虚拟逼真的三维及多维场景，通过一些特殊的装置可以使人参与到场景中去，通过视觉、触觉等多感觉通道与虚拟世界进行交互，产生身临其境的感觉，感知虚拟世界的变化。虚拟现实的概念最初是由美国著名计算机专家 Jaron Lanier 于 20 世纪 80 年代提出的，90 年代以来已在娱乐、军事、科学研究、建筑设计、机械制造等领域得到成功的应用（曾建超、俞志和，1996）。虚拟现实技术应用于地理信息系统便出现了虚拟现实地理信息系统（张晶、邬伦，2002）。伴随着虚拟现实技术的出现和发展，出现了虚拟地理环境，这使得地理信息的表达更加适人化、多维化、多息化，它不仅能够对三维的真实地理世界进行模拟，而且可以虚拟真实和想象的地理现象和过程。

另外，网络技术和多媒体技术的发展都促进了地理信息技术的发展和应用的推广。遥感技术、全球定位技术、地理信息系统等现代地理信息技术的发展迫切需要理论来支撑。

1.1.2 地理信息科学的提出与发展

随着社会的发展，人类社会已经从工业化社会进入信息化社会，人们的生产和生活对于信息的需求越来越多，依靠越来越严重，信息和知识已经成为我们生产和生活的基础，其中地理信息和地理知识是其重要的组成部分。地理信息，有时也称空间信息，是地球表层一定地方的一组事实（UCGIS，1996），是有关位于地球表层附近的要素和现象的信息（Goodchild et al.，1999）。实际上，人们统计过，地球上的信息 80% 与空间信息有关。地理信息具有海量、丰富、结构复杂、社会需求量大、难以处理、应用广泛的特点，在过去的几十年中，地理信息的获取、传输、储存、处理、应用已经成为世界各国学术界、产业界关注的焦点，同时也是多学科交叉研究的对象。随着遥感技术、地理信息技术、全球定位技术、互联网技术、多媒体技术、虚拟现实技术的出现和快速发展及其相互间的渗透和集成应用，出现了以地理信息系统技术为核心的地理信息技术体系，为解决地理科学相关的问题以及国民经济建设和社会发展提供了技术上的保证。地理信息系统技术的应用大大提高了人类处理和分析大量有关地球资源、环境、社会与经济数据的能力，而地理信息技术及其应用的进一步发展则必须以地球信息基础理论为基础（陈述彭等，1999）。陈述彭（1996，1997）认为地理信息系统已经不仅仅局限于研究物质与能量流的信息载体，而且包括研究地学信息流程的动力学机理与时空特征、地学信息传输机理及其不确定性与可预见性等，提出了地球信息科学（Geomatics，Geoinformatics）的概念。事实上，Laurini 等（1992）、Ehlers和 Amer（1991）也提出过相关概念。

在世界上地理信息技术发展程度最高的美国，1992 年，Goodchild（1992）提出了地理信息科学（Geographical Information Science）的概念，认为地理信息科学主要研究在应用计算机技术对地理信息进行处理、储存、提取以及管理和分析过程中所提出的一系列基本问题。地理信息科学的提出是地理信息系统以及相关空间信息技术（如 RS、GPS 等）发展及集成应用的必然结果，它是在人们不再满足于仅仅利用计算机技术来对地理信息进行可视化表达及其空间查询，而是也强调地理信息系统的空间分析和模拟能力时产生的。地理信息科学在注重地理信息技术发展的同时，还注意到了与地理数据、地理信息有关的其他一些理论问题，如地理信息本体、地理数据的不确定性、地理信息的认知，以及社会对于地理信息的认可等，它更强调支持地理信息技术发展的基础理论问题（UCGIS，1996）。我国李德仁院士（1996）也认可这一概念。

地理信息科学概念提出后，已越来越广泛地被学术界接受。1994 年 12 月，代表美国主要地理信息科学研究力量的 33 所大学、研究所和美国地理学家协会（AAG）代表聚会，协议成立美国大学地理信息科学协会（University Consortium for Geographic Information Science，UCGIS）标志着地理信息科学这一概念得到了美国科学界的承认。1999 年初，美国国家科学基金委员会（NSF）的一个工作组，在其向委员会的报告中提出了地理信息科学的一个"完整"的定义。1995 年，美国国家地理信息与分析中心（NCGIA）向 NSF 提交了一份命名为"推进地理信息科学"的研究建议（Goodchild et al.，1999），将新形成的地理信息科学定义为基于 3 个基础研究领域的一门科学，分别是：①地理空间的认知模型；②地理概念表达的计算方法；③信息社会的地理学。这一研究建议简称为瓦伦纽斯"三角形"，瓦伦纽斯"三角形"颇不平衡，但建议与完成的研究报告详细勾画了地理信息科学当今的研究水平，为学科勾画了研究前沿与未来发展走向，是西欧北美地理信息科学家最为权威的研究成果（刘妙龙、周琳，2004）。1996 年美国地理信息科学大学联合会提出了地理信息科学的十大前沿研究领域。

作为才出现十几年的一门地球新科学，地理信息科学是当今活跃的主要学术领域之一。

1.1.3　地理信息科学、空间数据基础设施与数字地球

地理信息科学和地理信息技术的发展为空间数据基础设施（Spatial Data Infrastructure，SDI）和数字地球（Digital Earth）奠定了坚实的理论和技术基础。空间数据基础设施是指用于采集、处理、加工地理空间数据（或称地理信息），并进行管理、维护分发服务和组织协调的基础设施体系（李德仁等，2002；UCGIS，1996；陈军，1999）。空间数据基础设施可分为国家的、区域的、全球的等几个等级。人们首先提出建设的是国家级的空间数据基础设施（NSDI），即在国家的范畴内统筹规划和协调地理信息化工作，按照统一的数据标准和信息技术标准，生产和整合多种空间分辨率的地理数据，将纵横分布的地理数据库连接起来，使全社会能充分地利用和共享地理空间数据。经过多年的努力，我国分别于 1994 年、1999 年底建成了全国 1∶100 万和 1∶25 万地形数据库、数字高程模型库、地名数据库，成为目前国家空间数据库框架的重要内容。1∶5 万数据库也在建设之中。数字地球建立在全球网络基础设施平台之上，以时空框架整合多源海量数据，并以深度与广度开发空间信息资源为基本特征，是继国家信息基础设施（NII）与国家空间数据基础设施（NSDI）之后的又一新的信息基础设施。早在 1992 年，美国副总统戈尔就从生态环境和全球气候变化的角度提出了数字地球的概念（阿尔·戈尔，1997），在《濒临失衡的地球》一书中戈尔写道：

还没有人知道如何来处理每天从轨道上扫描下来的庞大数据。我们过去从未想到能收集到这么多的数据。为了整理和解释数据，我提出了一个姑且称为数字地球的计划，旨在建造一个新的全球气候模型。它能处理从不同来源收集的、与今日概念不同的数据。

（阿尔·戈尔，1997）

数字地球是地球科学与信息科学技术的综合，是一场新的技术革命，它不仅能促进地球科学与信息科学技术的发展，而且还能推动信息产业和数字农业等大型产业的形成，从而推动整个社会经济的发展。前科技部部长徐冠华院士（2000）认为数字地球是遥感、数据库与地理信息系统、全球定位系统、宽带网络及仿真虚拟现实等现代高科技的高度综合和升华，是当代科学技术发展的制高点。本质上来讲，数字地球就是信息化的虚拟地球，它包括地球内部及其表层大部分要素的数字化、网络化、智能化、可视化。数字地球以政府引导的空间信息基础设施的建设为起点，在大力推进空间信息共享和现有信息系统交互操作的基础上，形成广泛数据源融合、地理信息资源综合利用的基础设施。

数字地球概念提出后，许多国家纷纷制定自己的应对策略，并将数字地球作为重大发展机遇。加拿大、澳大利亚、新西兰、日本等许多国家已开始研究和建立各自的国家空间数据基础设施（NSDI）。跨国家的区域空间数据基础设施（RSDI）和全球空间数据基础设施（GSDI）也引起有关国家的高度重视。空间数据基础设施建设和建立数字地球需要地理信息科学为其提供理论和技术的支撑。

1.2　地理信息科学概念的探讨——
三种主流观点的地理信息科学

1.2.1　地理信息科学及相关概念的探讨

地理信息科学这一学术术语出现后，同时也出现了与之相近的一些叫法，如地球信息科学（陈述彭等，1997）、地球空间信息科学（李德仁等，1998）等。人们对于地理信息科学概念的内涵并没有完全一致的观点。国内外的学者从不同的视角给出了地理（地球）信息科学的概念（Goodchild，1992；陈述彭等，1997；UCGIS，1994；NSF，1999；李德仁等，1995，1998；杨开中等，1999；舒红，2003；Andrew F. et al.，2004），如表 1-1 所示。

表 1 – 1   国内外学者和组织给出的不同地理（地球）信息科学的概念

年代	作者	定义观点	备注
1992	Goodchild	信息科学有关地理信息的一个分支学科	
1994	UCGIS	大学地理信息科学联盟致力于为理解地理过程、地理关系与地理类型而发展和利用新的理论、方法、技术和资料。将地理信息资料转换成有用的信息是地理信息科学的核心	间接定义
2002	马霭乃等	地理信息科学是地理科学中的技术部分，地理信息科学的核心就是集遥感、遥测、定位、虚拟地理环境、新一代地理信息系统的天地信息一体化网络系统	
1997	陈述彭等	地球信息科学的研究对象是人类智慧圈，其任务是以信息流调控人流—物流和能量流的人地关系服务于和平与发展	
1998	李德仁等	地球空间信息科学（Geospatial Information Science，简称 Geomatics）是以全球定位系统（GPS）、地理信息系统（GIS）、遥感（RS）为主要内容，并以计算机和通信技术为主要技术支撑，用于采集、量测、分析、存贮、管理、显示、传播和应用于地球和空间分布有关数据的一门综合和集成的信息科学和技术	
1999	杨开中等	地理信息科学是一门从信息流的角度研究地球表层人地关系系统的地理学科。其目的在于揭示地理信息发生、采集、传输、表达和应用的机理，研制开发各种地理信息技术系统，为人地系统的认知、研究与调控提供科学的依据和手段，促进人地系统的持续发展	地理学视角
1999	NSF	地理信息（GI）科学是一为追求重新定义地理概念和在地理信息系统中成功应用的基础研究领域。地理信息科学研究地理信息系统对于社会与公众的影响，研究社会对于 GIS 的影响。地理信息科学将深入研究以空间信息为主要研究对象的一些传统科学，如地理学、地图学、大地测量学中的最基础命题，同时将结合在认知与信息科学中的一些最新发展；它也将某些较为专门的研究领域，如计算机科学、统计学、数学、心理学等相互交叠，并继续对这些领域的发展作出贡献；它将支持在政治科学、人类学领域的研究，在地理信息社会的研究中利用这些领域的知识	
2003	舒红	地理信息科学是研究人、机、地关系及其相互作用的科学，地理空间标志着地理信息科学和其他学科的区别	
2004	Andrew Frank 等	地理信息科学是人类对地理空间的认知，是人们直接间接（借助计算机等）认识地理空间后形成的知识体系	认知观点

1.2.2 三种主流观点的地理信息科学

概括起来，关于地理信息科学概念的探讨有三种主流的观点：①地理信息科学是信息社会的地理学思想（杨开中等，1999）；②地理信息科学是信息科学的分支，定义为地理（地球）信息的收集、加工、存储、通信和利用的科学（Goodchild M.，1992；陈述彭等，1997；李德仁等，1998）；③地理信息科学是地理科学中的理论科学、地理信息科学、地理系统工程中的技术部分。地理信息科学的核心就是集遥感、遥测、定位、虚拟地理环境、新一代地理信息系统的天地信息一体化网络系统（马蔼乃、郜伦等，2002）。

1. 杨开中等的地理信息科学观点

杨开中（1999）等认为地理信息科学是从信息机理角度研究人地系统的地理学科，其目的在于揭示地理信息发生、采集、传输、表达和应用的机理，研制开发各种地理信息技术系统，为人地系统的认知、研究与调控提供科学的依据和手段，促进人地系统的持续发展，地理信息科学不仅是一门从信息机理角度研究人地相互作用的地理学科，是一个从基础理论到技术、再到应用，甚至包括某些产业、制度和文化问题的完整的体系。它包括三个层次：一是理论地理信息科学；二是技术地理信息科学；三是应用地理信息科学。地理信息科学的学科体系如图 1 - 1 所示：

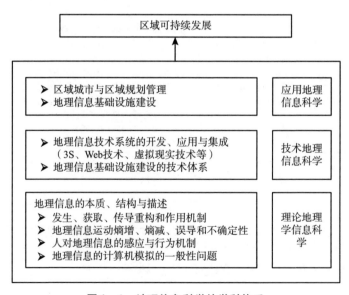

图 1 - 1　地理信息科学的学科体系

资料来源：杨开中，1999。

2. 以 Goodchild 为代表的地理信息科学的观点

Goodchild 等（Goodchild M. F.，1992，1995；Goodchild M. F. et al.，1999）认为地理信息科学主要研究在应用计算机技术对地理信息进行处理、存储、提取及其管理和分析过程中所提出的一系列基本问题，是一门多学科交叉的科学，如图 1-2 所示。

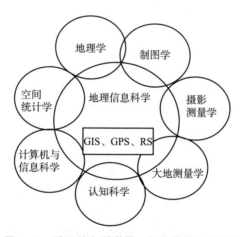

图 1-2 地理信息科学是一门多学科交叉科学

注：GIS、GPS、RS 分别表示地理信息系统、全球定位系统、遥感。

地理信息科学的学科体系应该包括或者说涉及以下几个主要部分（Goodchild M. F.，1997）：①传统的研究地理信息技术的学科，如制图学、遥感、大地测量学、工程测量学、摄影测量学、图像处理；②传统的总体上研究数字技术和信息的学科，如数据库、计算几何学、图像处理、模式识别；③传统的研究地球，特别是地球表层或接近地球表层的自然或人文方面的学科，如地质学、地球物理学、海洋学、地理学、生物学（特别是生态学、生物地理学）、环境科学、社会学等；④传统的从不同学科汲取知识的学科，如地理学、环境科学、新的领域如全球变化等；⑤传统的研究人类理解特性的学科及人机相互作用的学科，如心理学（特别是认知心理学、环境心理学）、认知科学、人工智能等。

3. 马霭乃等（2002）的地理信息科学观点

马霭乃等认为地理信息科学是地理科学中的技术科学部分。地理信息科学的核心就是集遥感、遥测、定位、虚拟地理环境、新一代地理信息系统的天地信息一体化网络系统。这一系统包括对地观测的卫星网络系统与地面上的地理信息网络系统两个部分。其中，卫星网络系统中有遥感卫星、遥测卫星、定位卫星、通信卫星等；地面网中分技术层、专家层、管理层、决策层等。

另一种地理信息科学的观点，即地理信息科学是人类对地理空间的认知，地理信息科学是人们直接或间接（借助计算机等）认识地理空间后形成的知识体系（Andrew F. et al.，2004），也较为有影响。

1.2.3 地理信息科学的主要研究领域

地理信息科学研究领域的探讨主要有以下几种观点：

（1）1992年，Goodchild（1992）提出地理信息科学概念，同时提出了地理信息科学主要研究和解决以下几个领域的问题：数据的收集和测度；数据获取；空间统计；数据建模和空间统计理论；数据结构、算法和程序设计；数据可视化；分析工具；制度、管理和伦理问题。

（2）1996年，美国地理信息科学大学联合会（UCGIS，1996）提出了地理信息科学的十大前沿研究领域，尺度问题被列为地理信息科学研究中的十大前沿问题之一，具体研究领域包括：①空间数据获取与集成；②分布式计算；③地理表征方式的扩展；④地理信息认知；⑤地理信息互操作；⑥尺度；⑦地理信息系统环境中的空间分析；⑧地理信息基础设施的未来；⑨地理数据与基于GIS分析中的不确定性；⑩GIS和社会。

（3）1995年，美国国家地理信息与分析中心的研究者向国家自然科学基金委提交题为"促进地理信息科学发展"的提议，这一提议对地理信息科学进行了新的审视，并界定了地理信息科学的三个基础研究领域：①地理空间的认知模型；②表达地理概念的计算方法；③信息社会的地理学。

（4）Dvid Mark（2000）在《地理信息科学基础》一书中，也列出了地理信息科学研究要做的一些主要内容。具体内容主要有以下几个方面：①本体与表达，主要包括地理域的本体、地理现象的形式化表达；②计算，主要包括：定性空间推理、计算几何学、地理数据库中有效索引、检索与查询、空间统计及其他地学计算问题；③认知，主要包括地理现象的认知模型、人类与地理信息和技术的交互；④应用、制度和社会，主要包括地理数据的获得、地理信息质量、空间分析、地理信息、制度和社会；⑤交叉的研究主题，主要是时间和尺度。

通过比较，我们可以知道有四项研究主题内容三种观点都列出了，有三项主题内容 Mark 列出了，但是 UCGIS 没有列出，尺度问题是 UCGIS 和 Mark 都列为地理信息科学研究的主要研究主题领域之一。

1.3　地理信息科学尺度问题的重要性

1.3.1　地理信息与地理数据

数据是对现实世界状况的数字符号记录，指输入到计算机并能被计算机进行处理的数字、文字、符号、声音、图像等符号，数据是对客观现象的表示，数据本身并没有意义。信息是现实世界客观事物在人头脑中的反映，从本质上看信息是对社会、自然界的事物特征、现象、本质及规律的描述，数据是信息的载体。地理数据是对客观地理世界的抽象表达，是地理信息的载体。地理数据的获得是对地理世界进行数据建模的结果，数据建模是指把现实世界的数据组织为有用且能反映真实信息的数据集的过程。数据建模过程分为三步（陈述彭等，1999）：首先，选择一种数据模型来对现实世界的数据进行组织；然后，选择一种数据结构来表达该模型；最后选择一种适合于记录该数据结构的文件格式。地理信息是关于地球表面的信息（Goodchild M. F.，1997），是关于一个事物在什么地方和一个地方有什么事物的知识。地理信息可以非常详细，比如可以是描述一个城市所有建筑的物质信息，也可以是关于一个森林中所有单棵树的信息。地理信息也可以非常概略，比如可以是一个较大地区的气候，也可以是整个国家的人口密度。地理信息详细或者是概略主要是尺度的不同，地理信息常常是静态的，但是也可以是动态的。间国年（2000）等根据地理信息产生、传输和转化的规律，将地理信息的特点归纳为客观性与抽象性、时空性与属性、可存性与可传输性、可度量性与近似性、可转换性与可扩充性、商品性与共享性等特征。

数字地理信息是以数字形式表达和储存的地理信息，在计算机中，地理信息只以两个字符（0 或 1）的形式进行编码，称为 bits，地理数据就表现为 bits 的序列。一旦一定量的地理信息被数字化后成为数字的形式，就像其他信息一样，表现为 bits 的集合。数字光盘可以储存文字、数字、地图、声音等各种形式的地理信息，任何类型的地理信息都可以通过互联网进行传输。

由于地球表面的无限复杂性，人们不可能观察地理世界的所有细节，地理信息对地球表面地理现象的描述总是近似的（UCGIS，1996）、经过抽象和选取的。地理现象是发生在四维时空的复杂性现象，但经过时间特征、空间特征、地理实体属性（语义）抽象形成地理信息，实际上这时间、空间、属性（语义）三者是有机统一、不可分的。

许多社会、经济和环境过程运行在地理尺度上，在地理空间内，地理信息与许多人类行为和决策具有紧密的关系。地理信息是现代社会进行生产、生活必不可少的重要信息。

1.3.2　尺度是地理信息的根本特性

在所有的具有一定科学含义的词汇中，尺度是含义最模糊且是被过多关注的一个（Goodchild M. F. et al.，1997）。尺度常用来指研究的大小（比如地理范围），也用来指详细的程度（比如地理分辨率的层次），既可以是指空间的、时间的，也可以指研究的其他维数，毋庸置疑，尺度是任何研究的基本方面。我们所居住的世界至少在一定程度上是具有无限的，我们观察的距离越近，我们就能观察到更多的细节。地理信息是自然、人文地理现象在地球表面分布、组合、运动变化的事实。地理现象本身都是与尺度有关的，人们对地理现象的认知也是与尺度有关的，地理信息作为地理现象及过程的一种形式化描述和映射，也是与尺度相关的，也离不开探讨尺度问题。

实际上，人们不可能观察地理事物和现象的所有细节，地理信息对于地理现象和事物的表达和描述总是近似的、经过抽象的和选取的，近似和抽象的程度反映了对地理现象、过程和地理事物的抽象程度。尺度是地理数据、地理信息的一个内在的必不可少的重要特性，它界定了人们对地理现象、事物及过程的测度、观察、建模、表征、分析和模拟的抽象与详细程度。实际上，在地理信息获取、处理、分析和表征的每一个环节都要受到尺度的控制。因此，选取恰当、合适的尺度，地理信息的利用才有价值，人们的认知也更方便。从认识论和方法论的观点讲，多尺度、多层次的观察和分析也是一种思维方式。许多地理现象几乎都是无限复杂的，因此在地理信息中表达其空间格局的任何试图都是近似的，即使是在 Lewis Carroll 理想王国中要求的 1∶1 的地图上（Muehrcke et al.，1992）也不能满足对他的国土的完全描述。因此任何地理信息对于地理细节的描述要么是清晰的或者是模糊的层次。通过限定地理数据集的细节层次，我们才能够确保在合理的成本和所获得的地理信息数据在可操作的情况下，对地理现象的描述是可靠的。地理信息处理、分析、表达、认知的各个方面及地理数据库建设等都要受到尺度的控制和影响。

人类对地理信息的需求和认知是多种层次的，或者说是多尺度的，对于不同的应用目的，相同的地理现象也需要不同尺度的表达。人们根据认知的不同目的，需要选择符合目的合适尺度的地理信息，过于概略的地理信息满足不了人们的目的，人们无法找到自己需要认知的地理目标及其与背景的关系；过于详细的地理信息人们在认知的时候会遇到很多干扰，发生认知困难，浪费时间和精力。以人们对出行目的地的认知为例（李霖、吴凡，2005），首先看较小比例尺地图（1∶30 万以上的地图，能显示要去的国家），选择要去的国家；然后在 1∶5 万~1∶20 万之间的地图上在这个国家内选择城市之间的路线；最后在小于 1∶5 万的城市地图上选择城市的交通路线及所要到达的具体目的地。

地理信息的多重表达（多尺度表达）是指"随着在计算机内存储、分析和描述的地理实体的分辨率（尺度）的不同，所产生和维护的同一地理实体在几何、拓扑结构和属性方面的不同数字形式"（NCGIA，1993）。地理信息的自动综合也是地理信息多尺度表达的核心内容（王家耀，2001）。地理信息的自动综合极其复杂，到目前为止，还没有一套现成实用的自动综合操作。这主要是因为不同空间尺度下的空间目标，其运动状态及其关系有所不同，维数也会发生变化，这样多尺度地理信息的自动综合模型的建立非常复杂（Li，1999；吴凡、李霖，2000）。由于目前为止还没有完善的现成的自动综合方法，可以实现由底层基础的地理数据综合出各个尺度的地理信息，地理信息的多重表达依赖于建立地理信息多尺度数据库，因为在不同的尺度上地理信息综合的原则和算子是不一致的。但在目前的情况下，一般采用在地理数据库中同时存储多种来源、多种比例尺或分辨率的多种详细程度的地理信息，构成多尺度的地理信息数据库，来满足人们对地理信息的多尺度认知需求，构成异构数据库。这样使得统一地理实体在不同的尺度上表现不同的形式，出现各种矛盾，不能保证实体之间的一致性。产生大量的数据冗余，使得地理数据的更新非常麻烦。在地理信息科学中，多尺度表达是一个重要的研究领域，这需要研究地理实体及地理现象随尺度的变化规律，建立合理高效的尺度变换模型，这是地理信息科学尺度问题的一个核心研究领域。

构建多尺度的地理信息数据库框架，是空间数据基础设施和数字地球的战略重点之一（陈军，1999）。实现空间数据的多尺度处理和自适应地无级缩放是实现比例尺 GIS 的关键技术（王家耀，2001）。空间数据库是 GIS 的核心，实现无级比例尺或者多比例尺数据库是实现无比例尺 GIS 的基础。多尺度空间数据为人类认识地理空间和获取地理知识提供了更加适人化的途径，基于多尺度的空间分析，既能从总体上概览全局，也能在细节上把握对象，因此多尺度的 GIS 更能满足人们的认知分析需求。

1.3.3 尺度是地理信息科学相关学科研究的重要课题

尺度在地理信息科学的相关学科以及应用地理信息科学的学科都是重要的研究领域，比如地理学、地图学、遥感、大气科学、空间统计学、水文学、生态学，以及一些社会科学等。

一般来讲，尺度分为两类，与观测目标有关的尺度和描绘事物属性与过程的尺度（李霖、应申，2005）。前者是一种本体论角度上的尺度，后者是认识论角度上的尺度。

人们对于地理现象的观察、测度、分析，传播地理知识的过程中，尺度不同可得出不同的结论，这一现象在景观生态学中具有非常的典型性，称之为"生态学谬误"，地理现象中也非常普遍，尺度不同，地理现象的空间格局、分布形态就有很大差异，一些地理现象和规律只在一定的尺度出现（Clarke，1997；邬建国，2000）。另外由于认知目的的不同，人们也需要不同细节层次和不同尺度的地理信息进行分析，满足生产和生活的需要。

尺度是地理空间和地理目标的本质特征，其内涵复杂而多样，在不同的环境和条件下，不同的学科有不同的含义。地理现象具有明显的多尺度性，大量研究证实，地理学研究对象格局与过程的发生、时空分布、相互耦合等特性都是尺度依存的（scale-dependent），即这些对象表现出的特征都具有时间或时空尺度特征（史蒂芬·霍金，2003）。尺度在地学及相关的学科中具有不同定义，地学上的尺度是指自然过程、人文过程或者观测研究在空间、时间及时空域上的特征量度（李双成、蔡云龙等，2005）。在水文研究中，Blöshl 指出，尺度是指过程及其观测或模拟的特征时间或特征长度，还给出了水文过程尺度（process scale）、观测尺度（observation scale）和模拟尺度（modeling scale）的定义（Blochl G. & Sivapalan M.，1995）。

尺度问题也是所有生态学的基础（Wiens J. A.，1989），时间和空间包含于任何的生态过程中，尺度在生态学研究中越来越显现出其重要性，原因是解决地球环境问题要求在大尺度上理解空间格局和过程，而以前生态学调查的数据主要是基于小尺度的，并且有许多研究表明，一个生态问题的结论在很大程度上取决于所采纳的尺度（张彤、蔡永立，2004）。地学领域的学者们将尺度转换提高到了前所未有的重要位置。例如，在水文学中，尺度转换被认为是个国际性难题（丁晶、王文圣等，2003），水文尺度问题被列为 21世纪水文学基础研究的前沿课题。还有人指出，在不同的时间、空间尺度的现象之间建立其统一的比例关系之日，才是真正水文学科建立之时，由此可见尺度问题在水文学中的重要程度。在遥感中，尺度问题也受到了广泛关注，1993 年在法国召开了热红外遥感尺度问题国际会议，尺度问题是从天空观测地球的首要挑战，此后尺度问题一直是遥感理论问题研究的一个热点（苏理宏、李小文等，2004；Changyong Cao & Nina Siu – Ngan Lam，1994；Lee De Cola，1994）。

1.3.4　尺度是地理信息科学的重要研究领域

尺度是地理信息科学的基础性问题之一。1996 年美国地理信息科学大学联合会（UCGIS）提出了地理信息科学的十大前沿研究领域，尺度问题被列为地理信息科学研究中的十大前沿问题之一。Dvid Mark（2000）在《地理信息科学基础》一书中，尺度也被列为地理信息科学研究主要的内容之一。Mark D. M.（2000）在 2000 年提交给国家自然科学基金委的报告中把尺度列为地理信息科学作为新出现的一个交叉学科研究领域的主要课题，他这样描述：

即使没有在制图学领域受过正规的教育，人们也能认识到纸质地图上的比例尺影响所描绘的信息的细节。但是他们没有认识到尺度和分辨率在计算机环境对地理信息分析和应用的影响有多么深刻。这也许是从地图继承下来的效果，因为今天的大多数地理信息仍然来源于地图。而且对于遥感影像来讲空间分辨率是遥感仪器设计的一个主要特征指标。不同的测绘和定位仪器通常会产生不同位置精度的数据，能描述地理现象中不同细节水平的地理特征。另外，大量的地理信息不是关于地点的，而是关于区域的，比如说人口统计数据——社会科学研究的基础，为了保护单个记录的机密性，通常需要进行聚合。聚合的规则是基于最小人口，人口密度小的区域面积就比较大，而人口密集的区域面积就比较小。根据统计的类型不同，分区也不同。模拟研究表明，根据不同的聚合分区原则产生的变量之间的相关系数变化相当大，就会产生一些由于不同分区的空间分析引起的问题，这需要裁决。这些尺度和聚合效应并不仅仅局限于社会科学，在生态学中也会出现类似的情况。如果地理信息科学能够研究出一些新的分析方法能够缩小新的和原有的地理空间数据的尺度和分辨率效应，这对于应用空间信息进行学科研究的领域具有重要的意义。

（Mark D. M.，2000）

传统上，储存、传输及分析地理数据的载体是纸质地图，纸质地图通常是二维的、静态的，地图比例尺是地图上两点之间的距离与相对的地球表面的两点之间的距离的比率。传统意义的尺度是与比例尺相联系的，随着地理信息技术，包括地理信息系统、遥感、全球定位系统、虚拟现实技术、网络技术的出现和广泛应用，地理信息的获得、处理、表征出现了一些新的特征，比例尺越来越显示出对于地理信息描述的局限性。人们又对于尺度问题作为一个基本问题，以及由此出现的处理尺度问题的技术和理论表现出极大的兴趣。计算机技术、数据库技术的发展，地理信息系统的出现使得地理信息的多尺度表达成为可能，静态的及其他的处理尺度问题的技术现在已经是 GIS 的常用功能。这些努力引起了人们对尺度问题的极大兴趣，Goodchild（1994）认为作为一个基本问题应该建立"尺度科学"。Goodchild（1994）还认为地理信息领域，一门完整的"尺度科学"将寻找一系列相关问题的答案，为尺度的管理和操作提供一个形式化的框架，它应该包括以下几个方面：

➢ 尺度不变性：当地理数据进入操作领域，比如从模拟形式变为数字形式时或者是坐标系的转换，地理细节的属性不发生变化是在什么样的尺度标准上。自然和人类系统中的那些现象性质具有尺度不变性。

➢ 尺度的转换能力：对于以逻辑的、严格的在理论上有根据的方式对地理信息进行集成和分解，什么样的尺度的转换形式可以利用？

➢ 对尺度影响的测度：是不是可以通过对地理信息的损失或获得提出一些方法来测度尺度变换的影响，尺度变换对观测过程的影响是怎样的？我们如何测度或者估计地理过程在不同尺度上的显示达到了什么程度？

➢ 尺度作为过程建模的参数：在过程模型的参数化表达中尺度是怎样表示的？在不合适的尺度上应用数据将对模型产生什么样的影响？

➢ 多尺度的方法是如何来执行的：对于用集成工具来支持多尺度数据库以及相关联的建模和分析，什么是潜在能为其提供帮助的？这些工具能为多尺度数据提供一个兼容的框架吗？进行多尺度数据集成，哪些问题是必须克服的？

（Goodchild M. F.，1994）

这些问题中的一部分可能已经有了答案，但是它们分散在各个学科中，没有融合联系在一起。

尺度对于地理信息科学是极其重要的，因为它界定了我们对于地球与地理现象的观察。所有对于地球的观察都必须有一个最小的线性的尺度，可定义为有限空间精度、所观察的最小对象的尺寸、像素的尺寸、照相胶片的粒度，以及其他相似的定义等（Goodchild M. F.，1997）。观察也必须有较大的线性尺度，定义为研究、工程或者数据搜集的地理区域范围。还有其他的方式定义这两个参数，这对于研究尺度问题的丰富内涵具有重要意义。由大转换到小的比率也是一个很重要的参数，它常常决定数据量，因此受储存和处理能力的制约，特别是在以像元阵列储存图像的情况下。地理尺度的重要性还因为它在影响地理现象的自然和人文过程的表达与模拟中也是一个重要参数。

尺度对于地理信息科学的意义是多重的。在制图学中，尺度的含义是图上距离与实地距离的比，小比例尺地图可以表达更大的区域。比例尺确定的地图载负量与现实世界的矛盾要求进行地图综合（Buttenfield & McMaster，1991）。在地理信息科学研究中的一些重要的研究领域都离不开尺度问题。地图是传统的地理信息表征手段，在地图中，尺度就是"比例尺"。但是随着现代空间信息科学和技术的发展，地理信息的获取、处理、表达等有了更加广泛的形式和新的特征，原有的尺度已不仅限于"比例尺"的含义了。尺度问题对于地理信息科学有着重要的理论和实践意义。人类对真实地理世界的认知能力大小是一定的，任何介质对地理信息的表达能力也是有限的，比如一定比例尺地图载负量的大小，GIS 中计算机的储存能力和运算能力大小的限制，虚拟地理环境中纹理的详细程度等。

人对地理信息的认知需求是与具体的认知目的相联系的，受认知能力的限制，因此对地理信息的需求与地理信息的获取和表征存在矛盾，这一矛盾的解决需要合适的尺度来协调。地理信息的获取必须经过采样、选取、概括等过程，该过程需要尺度来控制。地理现象是尺度依赖的，人们观测、模拟和分析地理现象的分布格局、变化过程，尺度选择不当，就不能正确揭示地理现象的本质，也给人们认知地理现象的科学规律带来极大的困难。随着虚拟地理环境、三维地理信息系统、多尺度电子地图、时态地理信息系统的出现，地理信息表达方式具有多样化、多尺度化、三维化、时态化的特点，原来的尺度概念已经显示出其局限性，已经不能全面说明地理信息的尺度问题。

1.4　本书的主要内容

1. 地理信息科学尺度问题研究背景及研究目标

由于遥感技术、全球定位技术的新发展，时态地理信息系统、虚拟地理环境、多尺度电子地图、三维地理信息系统、地理信息本体论等新技术理论的出现，地理信息的获取、表达、分析出现了许多新的特点，比如多维化、时态化、多源化、可视化、多尺度化等的特点，地理信息的获取、处理、建模、分析、显示等都受尺度控制。已有的关于尺度的理论和研究具有明显的局限性，必须重新审视尺度问题。这是本书出版的历史与时代背景。

本书的研究目标是建立描述地理信息的尺度问题的三重概念体系的框架及探讨地理信息尺度转换的机制，主要包括以下几个方面：①根据地理信息运动过程各个阶段的不同特征，界定地理信息抽象与详细程度的方面和描述地理信息抽象程度的要素，提出并阐述了地理信息尺度的概念体系即三重概念体系，分别为尺度的维数、尺度的种类、尺度的组分；②地理信息尺度的基本特性；③地理信息尺度转换的机制，包括空间尺度的转换机制、时间尺度的转换机制和语义尺度的转换机制，及其之间的相互关系。

2. 本书的具体研究内容

尺度问题是地理信息的基础性理论问题。同时也是地理学、地图学、遥感图像处理等学科重要的研究内容，涉及的范围较广，本书只是根据作者的学科背景进行了一些方面的探讨，主要关注以下几个问题。

（1）在综述地理信息科学及相关学科领域尺度问题的主要研究成果及观点，分析其不足的前提下，提出界定和描述地理信息关于尺度基础性问题的理论框架——地理信息尺度的三重概念体系。地理信息的尺度的三重概念为尺度的维数、尺度的种类、尺度的组分。

（2）阐述了界定地理信息尺度的特性，包括尺度的依赖性、尺度的不变性、尺度效应、尺度的一致性、语义层次的联通性。

（3）界定了地理信息科学中尺度变换的含义，地理信息尺度变换主要体现为地理信息在空间、时间、语义方面抽象程度、表达范围的变化。分别提出与探讨了不同维度尺度转换机制并进行了形式化描述：时间尺度转换机制、空间尺度转换机制、语义尺度转换机制，及其相互间的联系。

3. 研究方法

在哲学上以辩证唯物主义和历史唯物主义为指导，理论推导和实证研究相结合的研究方法。本书主要是地理信息科学的基础理论研究，理论研究为主线，理论研究是根据哲学和逻辑学的原则，实证研究主要是对其进行佐证。

1.5　本书的组织安排

本书共分7章，主要内容如下：

第1章为绪论。主要介绍了地理信息科学提出的背景、发展情况。阐述了人们对地理信息科学的概念及学科体系的探讨——三种主流观点的地理信息科学。说明了尺度问题在地理信息科学中的重要性，介绍了本书的研究目标和研究内容。

第2章为地理信息科学与相关学科尺度及其变换研究进展与现状分析。本章讨论了尺度在相关学科中的广泛含义，尺度描述、判断和界定事物，它是人们认知和测度的标准。综述了尺度及尺度变换在地理信息科学、地理学、遥感、水文学等学科的研究现状，并对存在的问题进行了分析。

第3章为地理信息科学中尺度的三重概念体系和尺度特性。本章提出并阐述了地理信息科学中尺度的三重概念体系，即尺度的种类、尺度的维数、尺度的组分。详述了地理信息的尺度特性，指出了地理信息科学中尺度变换的类型和含义。

第4章为地理信息空间尺度的变换机制。本章介绍了地理信息的获取和表达模型，根据建模特征可以分为基于对象模型的地理信息和基于域模型的地理信息。阐述了地理细节层次的含义及其的刻画与空间幅度、粒度（分辨率）、间隔、频度、比例尺的密切关系。阐述了地理信息空间尺度的变换类型，把其分为空间尺度上推和空间尺度下推，提出了基于对象模型的地理信息空间尺度变换机制和基于域模型的地理信息空间尺度变换机制。

第 5 章为地理信息的时间尺度变换机制。在对时间的基本元素进行形式化定义的基础上，对地理事件线性拓扑关系进行了形式化的描述。指出在地理信息科学中，时间尺度的内涵是指对于地理过程、地理实体的空间及其属性随时间变化的描述的抽象程度，这主要是通过时间尺度的组分即时间长度（幅度）、间隔、频度和粒度来刻画的。阐述了时间尺度的变换机制，并探讨了时间粒度变化对地理事件线性时间拓扑关系的影响。

第 6 章为地理信息的语义尺度变换机制。本章阐述了地理信息语义、地理信息语义尺度及语义尺度的变换机制。地理信息语义是地理信息所对应的现实世界中的地理事物及对象的含义，以及这些含义之间的关系。地理信息语义尺度是指地理信息所表达的地理实体及其属性类别、地理现象组织层次详细程度，其实质是区分组织层次的分类体系在地理信息语义上的抽象程度。地理信息的语义尺度变换就是地理信息所表达的地理对象及其属性的抽象程度的变化。地理信息语义尺度变换可分为等级关系的语义尺度变换、分类关系的语义尺度变换及构成关系的语义尺度变换。

第 7 章为总结与展望。总结了本书的主要研究内容及主要的创新点，提出了进一步的研究工作。

1.6　本 章 小 结

本章主要研究内容如下：

（1）综述了地理信息系统以及遥感、全球定位系统等相关技术及理论的发展，地理信息科学提出的背景，以及地理信息科学的发展，地理信息科学对于空间数据基础设施和数字地球的意义。

（2）地理信息科学概念的探讨——三种观点的地理信息科学及地理信

息科学研究领域的探讨。介绍了分别以 Goodchild 等学者、杨开中等学者及 Andrew Frank 等学者为代表的主要观点以及 Goodchild、UCGIS 等学者及研究组织对于地理信息科学研究领域的探讨。

（3）阐述了地理信息科学中尺度问题的重要性。

（4）介绍了本书的整体研究目标及研究内容。

第2章　地理信息科学与相关学科尺度及其变换研究进展与现状分析

在社会生活、生产活动中，尺度这一词汇无处不在。尺度这一词汇，根据牛津词典的定义，它的含义来源有两个。一是古老的挪威语词根 skal（碗状物），后来形成英语中的鱼鳞、公正评判的意思，引申后主要是指通过物体配对法来测量物体的重量，即天平或秤的意思；二是拉丁语词根 scala（梯子），形成英语中的音阶或爬墙的意思，引申的意思是指通过数步子的方法来测定物体的长度，即测量之意。总的来讲，尺度一词包含了对物体重量和大小的测定及测量方法的含义（张彤、蔡永立，2005）。

2.1　尺度一般意义的探讨

在人类的生活、生产中尺度一词广泛应用。希腊智者普罗泰戈拉有一个关于尺度的经典命题，"人是万物的尺度"，全文表达如下，"人是万物的尺度，存在时万物存在，不存在时万物不存在"。人是万物的尺度，用柏拉图的解释就是：一阵风刮来，有人感觉冷，有人感觉热。正所谓"如人饮水，冷暖自知"。希腊时代的"人"还不是抽象普遍的"人"。所以并不是经常被人误解的"人本主义"。"人"是感觉的人，而且是个人。人是万物的尺度的意思是说，每个人都是尺度，因而就不存在统一的、普遍的客观标准。其实是说人在认知的时候总是存在对事物的测度尺度。实际上，在 20 世纪 30 年代，大不列颠科学促进协会的一个委员会就对测度问题进行了长达 7 年的争论，在 1932 年这一委员会被任命来描述数学和自然科学、心理学，委员会被要求去考虑并对"感知事件的定性估计"的可能性作出报告，其含义很简单，就是对人类的感知测度可能吗？1940 年，为了最后的报告，这一委员会选择了一个共同的框架来表达其内容，主要讨论某一感知尺度的具体实例，这就是响度的 Sone 尺度，对比像一些尺度比如用于长度和重量的一些具有形式化属性的基本尺度，这一尺度主张对听觉感知的量进行测度。看来，尺度是与测度密不可分的，是测度的标准和根据。很明显从这一委员会的声明中可以看出，真正的问题是测度的含义，Stevens（1946）把其定义为根据一定规则对物体和事件给出数字。事实上根据不同的规则给出不同的数字，产生不同的尺度和不同的测度标准。Stevens 于 1946 年在 *Science* 杂志发表题为 *On the Theory of Scale of Measurement* 的文章，在这篇文章中他把尺度分为四种类型，即名义尺度、次序尺度、间隔尺度和比率尺度，其详细意义如表 2 - 1 所示。

表 2 - 1 尺度的分类

尺度类型	基本经验操作	数学表达	允许的统计计算（不变量）
名义尺度	等式裁定	排列顺序 $x' = f(x)$ $f(x)$ 为一一对应	案例数字 模式 偶然相关性
顺序尺度	大小顺序 裁定	等分关系 $x' = f(x)$ $f(x)$ 为单调变化的增长函数	中值 百分位数
间隔尺度	由级差或间隔方程裁定	一般线性关系 $x' = ax + b$	均值 标准差 等级序列 矩阵相关
比率尺度	比率方程裁定	相似关系 $x' = ax$	变异系数

资料来源：S. S. Stevens，1946。

在英语中，Scale 一词具有广泛的含义（Honby A. S. et al.，1993），分别如下：①鳞；②鳞状物；③水垢（这几个含义与尺度没有关系）；④尺度、分度、刻度；⑤有刻度之尺或度量器；⑥度量制、计数法；⑦阶段、等级；⑧比例、比例尺、缩尺；⑨规模相对的大小、程度。除了①～③之外，其他几个含义都与尺度、测度有关。可以看出，尺度这个词的含义极其广泛，一般来讲，大致包括以下基本含义：尺寸、大小、范围、标准、等级、刻度、测度、界限等，与层次、粒度、分辨率、细节、构架、精度、参照系密切相关。

在德语中，"尺度"一词为"Das Ma β"，从词义上考察，按照词典的解释具有度量衡单位和尺寸大小之意，同时，尺度又具有"规定性"和"标准、要求"等含义。"规定性""标准、要求"的含义的获得与黑格尔哲学对其的阐述有着密切的关系。在黑格尔的哲学范畴中，"尺度"是"有质的定量，……是质和量的统一，因而也是完成了的存在"①。但是由于翻译者对其理解不同，将尺度理解为"规定"或者"规定性"是对黑格尔的一种理解，是被黑格尔当作一事物区别于其他事物的内在规定性而出现的。哲学家们对其思索又获得了新的认识，但又找不到新的词汇来表述，只能仍用原来的词汇，原有的语义出现了新的含义。"尺度"一词的情形正是如此，所以贺麟先生指出："'尺度'这个词不单是指事物的程度、限度或者分寸，而且包含了'权衡'和'标准'的意思。所以尺度这个概念的内容是相当丰富的，单用一个'度'字是不能充分表达清楚的"②。

在自然、社会现象中，尺度也无处不在。对绝大多数的人物、行为、事件，在绝大多数情形下，有两个字是躲避不开的，即尺度。尺度与事物如影随形。尺度描述、判断、界定事物，为之贴上形形色色的标签。无法想象没有尺度的存在物，虽然可能因为时间、空间等种种因素不同而表现各异。实质上，它是人们测度的标准，界定考察对象的外延：

◆ 在对抗性体育比赛中的判罚，有严格与宽松的尺度之分；

◆ 在司法审判中，有判罚的尺度，法律是公平的尺度；

◆ 城市规划中，对于详细程度的控制，有总体规划、分区规划、详细规划之分；

◆ 在军事指挥中，制订作战计划的详细程度有战略、战术、战役之分；

◆ 在社会法律中，有国家法律、地方性法规之分；

◆ 衡量历史进步的标准是生产力尺度；

◆ 经济学中有微观经济学和宏观经济学之分。

从统计学而言，理论上，一切认识的对象均可被量化。而其量化的方法则无外乎四种：定量、定比、定序、定类，即 Stevens 所提出的四种尺度类型。①定类尺度：也称类别尺度或名义尺度，是将调查对象分类，标以各种名称，并确定其类别的方法，它实质上是一种分类体系；②定序尺度，也称等级尺度或顺序尺度，是按照某种逻辑顺序将调查对象排列出高低或大小，确定其等级及次序的一种尺度；③定量尺度，也称等距尺度或区间尺度，是一种不仅能将变量（社会现象）区分类别和等级，而且可以确定变量之间的

---

① 黑格尔. 小逻辑［M］. 北京：商务印书馆，1980：234.
② 黑格尔. 小逻辑［M］. 北京：商务印书馆，1980：7.

数量差别和间隔距离的方法；④定比尺度，也称比例尺度或等比尺度，是一种除有上述三种尺度的全部性质之外，还有测量不同变量（社会现象）之间的比例或比率关系的方法。

在地理学（鲁学军、励惠国等，2000；李双成、蔡运龙，2005；鲁学军、周成虎等，2004）、水文学（Bloschl G.，Sivapalan M.，1995；Gupta V. K.，Waymine E.，1990；Gupta V. K.，Mesa O. J. et al.，1994）、大气科学（Li Xin，Hu Fei et al.，2001）、地质学（杜品仁、马宗晋等，2003）、环境科学（Ling Bian，1994）、海洋科学、生态学（Wiens J. A.，1989；Greg – Smith P.，1983；Withers M. A.，1999；Schneider D. C.，2001；Allen T. F. H.，Starr T. B.，1982；O'Neil R. V.，DeAngelis D. L. et al.，1986）等相关学科中，尺度都是热门的研究课题，也是这些学科进行研究不可回避的问题，甚至是基础性的理论问题。在其他自然和人文社会科学，尺度也是一个避免不开的问题，比如经济学研究中的微观与宏观、国家与地方之分，多尺度力学也是一个重要的研究领域。

2.2 地理学、遥感、水文学和生态学中的尺度问题研究

2.2.1 地理学中的尺度研究

在地理学中，尺度是一个基础性的理论性问题，是地理学研究的前提界定。地理学家认为，尺度是地理事件和地理过程表征、体验和组织的等级（Jonston R. J.，Gregory D. et al.，2000）。地理学研究中的尺度主要涉及以下几个问题。

1. 地理学中的尺度研究侧面

尺度在地理学研究中具有十分重要的作用（李小建，2005）。地理学家在对地理事件和地理过程研究中，不仅要涉及其空间特征还要涉及形成这些

特征的时间概念。空间和时间相伴发生，由此地理尺度不仅包括空间侧面，还包括其时间侧面以及两者所迭加的时空侧面，如图2-1所示。

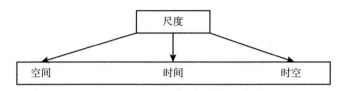

图2-1 地理尺度的三个侧面

资料来源：李小建，2005。

2. 地理学各个学科尺度研究的特点不同

地理学各分支学科对尺度的强调和运用各有不同。自然地理学常应用等级关系尺度，认为自然地理现象可细分为不同的垂直等级关系，每一等级关系又可细分为若干水平子系统，任意子系统是其下所有等级系统的"总和"（合成），又是其上等级的部分，每一等级均可通过时间和空间尺度与其他等级进行区分（Mcmaster R. B. & Sheppard E.，2004），如大陆系统、地区系统和地方之间的关系便是如此。李小建（2005）认为经济地理学中的尺度在形式上也具有等级性，但其内涵上具有相对性，部门、时代不同，尺度含义不同。人文地理学中的尺度可概括为三个特点：

1. 尺度的单元并不固定，其边界可随时间而发生变化（如行政单元边界的变化），进而，其空间单元内部的一致性，与其他同尺度单元的相对重要性均可变化；

2. 因果性并非由最低（小）尺度开始，它可以在任意尺度发生，并不受自然科学中普遍存在的方法论个体观以及社会科学中的理论选择影响；

3. 尺度具有可替代性，这种可替代性带来更加自由的研究思路。

（Sheppard E. & Mcmaster R. B.，2004）

3. 地理学研究中的尺度等级

从地理空间尺度来讲，地理学对于地域分异规律的研究包括"宏观性""中观性""微观性"，表2-2比较了地理学中这三种尺度的研究。

表 2 - 2　　　　　　　　　　　地理学中三种尺度的研究

研究性质	研究内容	研究对象空间规模	对象构成单位等级水平	地理规律	空间尺度
宏观性	全球性的物质能量循环和转换	大陆（百万平方公里）	国家级	纬度地带性规律	小比例尺（小于1：100万）
中观性	地区性的物质迁移和能量转换	地区（几千至几万平方公里）	省市（有时包括县）级	水平地带性垂直地带性	中比例尺（1：20万，1：50万）
微观性	地方性的物质形态转化和状况变化	地方（几十至几百平方公里）	县乡级	地方性地理形态和状况变化特征	大比例尺（大于1：10万）

资料来源：鲁学军等，2000。

　　地理时间尺度是地理时间发生变化的频度（Frequentness）（鲁学军、励惠国等，2000）。"地理学是寻求深入了解人和地理环境——注意在特定的时间和空间上——相互之间复杂关系的一门科学"（Harris C.，1982）。地理时间是一种切过时间量度的断面（简称"地理时间断面"），并且该断面具有一定的厚度（期间）（哈特向，1959）。在地理学发展史上，关于如何理解和描述地理现象随时间的复杂变化过程始终都是一个研究的难点。陈述彭曾提出以"频率"来描述地理景观构造成分的变化（陈述彭，1992）。他以"常绿阔叶林区的果园"为例描述了地理景观构造成分在时间上的变化：东西洞庭山目前有些栽培果树的地段，原来是常绿阔叶林区，当水源缺乏时，果园常被丢荒，荒芜以后仍将为常绿阔叶林所替代。因此，对于目前栽培果树的地段，不能简单地称之为"常绿阔叶林区的果园"，这样才能比较完整地描述东西洞庭山景观发展的现阶段与自然地带性的关系。显然在栽培果树阶段，如从树种发生频率来看，常绿阔叶林发生的频率要比果树发生的频率大。这样，通过衡量"地理事件发生变化的频率"来描述地理景观构造成分在时间上的变化，来实现对于地理景观变化过程的动态描述。大多数地理现象发生变化的过程非常复杂，在单位时间内发生的快慢很不稳定，因此，"频率"一词不能精确地定量描述地理事件发生变化的过程。但是地理事件性质不同，其随时间变化的过程肯定不同，相同性质的地理事件，变化过程则必然相似，如果引入以描述"频繁的性质或状态"的模糊变量——"频度"来衡量地理事件发生变化快慢的程度，则有可能实现对于地理景观变化过程的动态描述。

区域地理系统等级不同，其时间尺度也不同（区域地理系统可分为人文地理系统、自然地理系统、复合系统）。自然地理系统过程的发生，其规模无论是从空间影响范围还是从发生时间的延续上来讲，一般都比较大（与人文地理系统过程发生相比），其表现形式一般为大面积的缓慢变换过程；自然地理系统过程发生的这种规模性质决定了主要受其影响的自然时间发生变化的幅度和频度都较小。

人文地理系统过程的发生，其规模无论是从空间影响范围还是从发生时间的延续上来讲，一般都比较小（与自然地理系统过程发生相比），其表现形式一般为小面积上的快速变化过程（陈述彭，1992）；人文地理系统过程发生的这种规模性质决定了主要受其影响的人文事件发生的特性，使得人文事件发生变化的幅度和频度都较大（人类突发事件例外，如人类战争，这些事件一般表现为大面积上的持续形式，其事件发生变化的幅度和频度都比较小）；复合地理系统过程的发生，其规模大小则受人文和自然两种地理系统发生性质的综合影响。因此，在某一时间断面上，当我们要统计确定自然、人文两类地理事件发生值时，由于自然事件变化的频度比人文事件变化的频度小，对于前者，它一般需要较短的统计时间，甚至于某些自然事件的发生，如（天然）植被覆盖度、水流切割密度等，由于事件变化周期很长，就可以不予以时间上的考虑；而对于后者，则一般需要较长的统计时间。由此可见，由于两类地理事件发生变化的频度的差异，导致统计确定两类地理事件所需地理时间断面的厚度发生变化，人文地理事件值的统计地理时间尺度"厚度"要比自然事件值的统计时间断面的"厚度"值要大，这样，地理事件发生变化的频度可以作为衡量地理时间的尺度。

4. 地理学中的尺度转换研究

地理学中的尺度转换也是地理学中一个重要的研究领域。通常尺度转换（又称标度化或尺度推绎）是不同时间和空间层次上过程关联的概念。尺度是静态的，对于地理现象在时间、空间及时空域上的特征度量，与其相比，尺度转换蕴含着变化，是空间格局及过程的时间改变，是两者敏感性的改变。此外，尺度变换是人类为识别客体对象的整体特征而采取的一种研究范式。尺度转换（尺度变换）可分为两种类型，向上的尺度转换及向下的尺度转换。对于尺度转换，人们的认识并不相同。向下的尺度转换称为尺度下推，是将宏大尺度上的观测、模拟结果推绎至精微尺度上的过程。向上的尺度变换称为尺度上推，就是将精微尺度上的观察、试验结果外推到较大尺度的过程，它是研究结果的"粗粒化"。目前，地理学中统计数据的尺度转换主要体现为 MAUP 问题，可以描述为"地理空间单元属性数据的转换过程"。其中尺度下推的方法主要有点与多边形叠加、面域加权、修正的面域加权、最大化保留等（孟斌、王劲峰，2005）。Kolaczyk 和 Huang（2001）提出所谓"多尺度统计模型"来解决尺度转换问题。

5. 地理学中的本征尺度与非本征尺度

R. Schulze（2001）把地学中的尺度分为研究尺度或观测尺度（Research Scale or Observational Scale）、过程尺度（Process Scale）以及操作尺度（Optional Scale）。Lam 等（1992）提出了四种空间尺度类型，即制图尺度、地理尺度、分辨率和运行尺度。李双成等（2001）把上述几类尺度归并为本征尺度和非本征尺度。所谓本征尺度是指自然界本质存在的，隐匿于自然实体单元、格局和过程中的真实尺度，它是一个变量，不同的格局和过程在不同的尺度上发生，不同的分类单元或自然实体也从属于不同的空间尺度、时间或组织层次。表 2-3 是对地学本征尺度按其时空特性进行的初步分类。

表 2-3　　　　　　　　　地学中时间和空间本征尺度类型

划分依据	尺度类型
空间范围	全球尺度、区域尺度、地方及以下尺度
空间周期	长程型、中程型、短程型、非重现型
空间相关	关联型、弱关联型、随机型
时间长短	地质尺度、历史尺度、年际尺度、年及以下尺度
时间特性	周期性、阵发型、随机型
时间相关	依存型、弱依存型、随机型

资料来源：李双成等，2001。

非本征尺度是人为附加的、自然界中并不存在的尺度。非本征尺度包括研究尺度和操作尺度。非本征尺度是一种认知尺度，是人们在进行地理问题研究中的一种主观尺度。

目前，地理学中的尺度研究，在尺度定义、尺度类型、尺度域界定、尺度转换模式与技术等问题上都存在着一些歧义和片面性的认识（李双成、蔡运龙，2005），在实际研究中具体表现为：①尺度选择不当，不能正确揭示研究对象的科学本质，尺度过大，大量细节被省略，研究成为"有偏"估计，研究尺度过小，陷入局部而不能窥其全貌；②盲目进行尺度转换；③尺度转换技术使用不当，表现为没有认识到概念模型、机理模型和统计模型在尺度转换时应当采取不同的策略，在工作中倚重回归技术；④有意或无意漠视研究结果的尺度性，没有说明研究结果在哪个尺度上产生或有效；⑤在各个分支学科采用的时间和空间尺度范围不同，在成果的表述和理解时经常引起歧义，特别是在跨学科研究日益强化的情形下，更加剧了综合集成的困难。地理学中尺度问题的解决还有待地理工作者继续努力。

2.2.2　遥感与地理学其他学科尺度问题研究

1. 遥感中的尺度问题研究

尺度更多地作为观测的维数，而不是观测对象的维数。遥感是观测地理现象的主要手段。地理现象、地理实体的分布是客观存在的和不以人的意志为转移的，但是对地理现象的观察、采样、测量、分析、处理等高度依赖人的主观标准，这就是尺度的把握，实际上也就是地理信息的获取、加工、处理分析等对于尺度的依赖性。在对地表现象观察的过程中，尺度改变（遥感分辨率的变化），地理现象的分布模式就会改变，在一定尺度上是同质的现象，在另一尺度上可能就是异质的。每一实体都有其固有的空间属性，而且仅能在特定的尺度范围内被观察和测量。例如，在利用遥感数据分析地表生物物理特性时，就必须处理与尺度有关的几个问题：

1）地球系统过程和现象的特征空间和时间尺度以及尺度依赖性是什么？

2）遥感数据的测量尺度是什么？遥感数据对传感器的辐射量度和几何特征、数据处理和大气纠正算法的依赖性如何？

3）如何集成由相同或不同遥感系统获得的多尺度数据？

（Quattrochi D. A. ，1995）

尺度转换是指将某一种尺度上所获得的信息和知识扩展到其他尺度上的过程（邬建国，2000）。遥感尺度转换也是遥感中重要的研究内容，在遥感中，尺度转换要解决以下几个问题（彭晓鹃、邓孺孺等，2004）：①如何有效地将遥感数据和信息从一种尺度转换到另一种尺度（Marceau D. J.，1999）；②原始数据和信息经过尺度转换后，出现何种信息的损失或效应，即不同尺度的数据反映相同的地物和现象时的差异如何（刘明亮、唐先明等，2001）；③如何评价尺度转换的效果。遥感尺度转换分为两种情况，一种是向上的尺度转换（Scaling-up），一种是向下的尺度转换（Scaling-down）。向上的尺度转换是指小尺度、高空间分辨率的数据如何复合成大范围、低空间分辨率的数据。向下的尺度转换指从低空间分辨率提取亚像元成分的信息（Bloschl G.，Sivapalan M.，1995）。目前进行转换的方法很多，按照其转换的基础划分为基于像元的尺度转换和基于对象的尺度转换。基于像元的尺度转换方法主要有数理统计回归分析、数据融合转换及分类转换。基于对象的尺度转换是以对象为基本单元，在空间分辨率上利用影像多尺度分割技术，构建不同尺度的影像信息等级结构，实现遥感影像信息在不同尺度层之间的传递（黄慧萍，2003）。实际上基于对象的尺度转换是对遥感影像纹理特征的提取及合理分割。

与遥感模型有关的尺度问题也是遥感尺度研究的重要领域，遥感模型大致分为机理模型和应用模型（苏理宏、李小文，2001）。遥感机理模型本身实际上就是向上的尺度转换模型，将像元内的局地属性向上尺度转换为像元的属性。机理模型是在一定的遥感观测尺度下探索像元成像模式，如植被光学遥感领域的几何光学模型（Li X.，Strahler A. H.，1985）和辐射传输模型（Myneni R. B.，Ross J.，1992）。李小文等从物理学原理、定律在遥感像元尺度上的适用性出发，探讨了 Beer 定律（Albert B. J.，Strahler A. H. et al.，1990）、Helmholtz 互易原理（Li X.，Wan Z.，1999）、Planck 定律（Becker F.，Li Z. L.，1995；李小文、王锦地，1999）的尺度效应。应用模型多是在某一空间分辨率上建立的，人们讨论的尺度转换通常是指遥感像元变大后，由于像元的异质性，在细分辨率上建立的模型是否依然成立。像元内组分的异质性会影响植被指数等遥感数据参数，从而影响基于遥感数据的地学应用模型。

2. 水文学科尺度研究

水文学的研究对象包括地球水圈范围内的所有尺度的水文现象及过程，因而尺度是水文研究中的重要课题。国际水文学界 1982 年、1984 年和 1994 年分别举办过水文学尺度问题专题会议。国内外对水文尺度的研究主要集中在两个方面，一是不同尺度的水文研究；二是水文尺度转换研究。在国内前者主要有刘新仁（1993）建立淮河流域的大尺度水文模型，在新安江模型的基础上又建立了多重尺度系列化水文模型；郝振纯（1999）等在淮河流域和黄河流域上建立的分布式的大尺度水文模型；郭生练等（2002）在分析地形、河流、土地利用等基础上建立的大尺度的月水量平衡模型用以模拟和预测水文过程等。国际上对水文尺度在不同尺度上研究的内容是不同的（夏军，1993；Bergstro S.，Graham L. P.，1998）。对于小尺度水循环的研究，主要集中在植被尺度和土壤尺度；中尺度的水循环主要是将大流域分解成一系列空间属性相对均匀的小水文单元，研究各单元水循环对下垫面变化的响应；大尺度主要是研究大气与地表的相互作用。小尺度的研究主要有 Sten Bergstro 等（1998）建立了一个小尺度动态土壤水分和径流模型，用于模拟动态的土壤水分和径流；大尺度的研究有 Arnell（1999）在欧洲大陆尺度上，用大尺度水文模型模拟研究气候变化对径流的影响等。但是，国外对于尺度之间的转换较少。水文尺度的转换研究分为降尺度和升尺度两种。夏军（1998）采用灰色系统方法建立了大气宏观尺度模型向水文局部尺度模型的转换关系；李眉眉等（2004）以混沌理论为基础探讨了在时间尺度上年径流量的降尺度问题；陈喜等（2001）讨论了以随机模拟方法将大尺度的降水解集为小尺度的降水。

3. 生态学中的尺度研究

在生态学中，尺度问题是所有研究的基础（Wiens J. A.，1989）。在生态学中尺度问题主要涉及三个方面，即尺度概念、尺度分析和尺度推绎（张娜，2006）。尺度问题在生态学的多个研究领域中都会涉及，如景观结构、土地利用分类及制图、景观动态、生物多样性、景观设计、全球变化等。

根据对 *Landscape Ecology* 期刊上 1995～1999 年发表的 159 篇文章研究发现，有近 1/4 的研究忽视了空间和时间尺度问题，多尺度多现象占 0.6%，除景观动态之外其他较为缺乏。近十几年来，尺度一直是景观生态学国际会议的主要议题，2005 年美国景观生态学年会，167 篇论文中，在论文摘要与关键词中出现"尺度"一词的有 50 篇（张娜，2006）。国内对尺度问题的研究才刚刚开始，目前仅仅是介绍相关概念及强调尺度问题对于生态学的重要性。已经有一些生态学家开始关注格局和过程的尺度效应及多尺度研究的重要性，如景观空间自相关性、景观多样性（Xu J. H., Yue W. Z. et al., 2004）、生态地理建模（岳天祥、刘纪远；2003）等。在生态学中，Wu（2006）等提出了生态学的三重概念体系，即尺度的维数（Dimensions）、种类（Kinds）和组分（Components），尺度的维数包括空间尺度、时间尺度和组织尺度，尺度的种类包括现象（Phenemenon）尺度、观测（Observational）尺度、分析（Analysis）尺度或者模拟（Modeling）尺度，尺度的组分包括粒度（Grain）、幅度（Extent）、间隔（Lag 或 Spacing）、分辨率（Resolution）、比例尺（Cartographic Scale）、支撑（Support）和覆盖度（Coverage）等。生态学中的尺度分析包括尺度效应分析和多尺度分析，尺度效应是指在观测、试验、分析或模拟时的时空尺度发生变化时，系统特征也随之发生变化，而多尺度空间格局分析是进行尺度效应分析的基础，也是跨尺度推绎的基础。尺度转换就是跨越不同尺度的辨识、推断、预测或推绎（吕一河、傅伯杰，2001），其理论根据是不同尺度的系统之间存在着物质、能量和信息的交换与联系。尺度转换包括尺度上推（Scaling-up）和尺度下推（Scaling-down），可以通过控制模型的粒度和幅度来实现（Anthony W. King, 1991）。尺度转换的方法有图示法、回归分析、半变异函数、自相关分析、谱分析、分形、小波等。

2.3 地理信息科学中的尺度问题
研究进展与现状分析

2.3.1 地理信息科学中尺度概念的探讨

由于地理现象和地理空间是地理信息来源的物质基础，从另一个角度上或者也可以说是本体论意义上的地理信息。在地理信息科学中人们对于地理信息尺度的认识是与地理学中尺度的认识紧密联系的，但是二者关注的重点不同，前者是从地理现象本身的特征出发，而后者是从信息分析与处理出发。尺度是描述地理数据的主要特征之一，而且当空间性质与形状、过程和维数联系时它提供对于空间性质的唯一感知标准（Nina Siu – Ngan Lam，Quattrochi D. A.，1992）。Lam 和 Quattrochi（1992）把尺度分为时间尺度、空间尺度和时空尺度，并认为空间尺度有三重含义，首先是指研究的空间范围，第二个意义是指制图比例尺，第三个尺度是指运行尺度，就是指特定的地理现象的运行范围。Cao 和 Nina Siu – Ngan Lam 等在 Lam 和 Quattrochi（1992）定义的基础上对尺度定义进行了修改，框架如图 2 – 2 所示。认为在空间域至少有四种含义的尺度：制图尺度、地理尺度（操作尺度）、运行尺度、测度尺度。制图尺度即指地图比例尺；地理或者操作尺度是指研究对象的大小和空间范围，大尺度覆盖着大的区域，小尺度覆盖着小的区域；运行尺度是指环境中一定过程运行的尺度；测量尺度即是指空间分辨率。

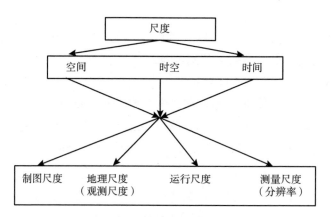

图 2 – 2　尺度的含义

资料来源：Changyong Cao 和 Nina Siu – Ngan Lam，1992。

吴凡（2002）提出了广义尺度模型，认为描述地理现象和过程的广义尺度可以细分为空间尺度、时间尺度和语义尺度（见图 2 – 3）。

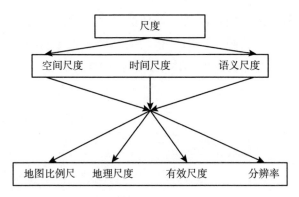

图 2-3　广义尺度

资料来源：吴凡，2002。

时间尺度、空间尺度与上述意义一致，语义尺度描述地理实体语义变化的强弱幅度以及属性内容的层次性。在数据库中它反映了某种空间目标的抽象程度，表明了该数据库中所能表达的语义类层次中最低的级别。制图尺度和地理尺度与 Cao 和 Nina Siu - Ngan Lam 等含义相同，而有效尺度就是指运行尺度，指在一定环境中发挥效用的尺度，它是地理现象的内在尺度，与地理尺度相比更具主观性并取决于观察者。

在地理信息科学中，地理信息从地理现象、地理实体物质载体本身到经过测度进入人的认知状态进行分析、处理、表达的运动过程中的每一个环节都离不开尺度的控制。如前所述，人们通常关注的是空间、时间及时空的尺度，从这几个方面进行描述。对于地理信息来讲这显然并不完整，因为地理信息表示的特征并不仅仅是空间和时间，它和地理现象本身涉及的地理实体的特征密不可分，地理实体及其本质属性的描述详细程度应该也是重要的一个方面，这就是地理信息的语义。尽管有学者研究了空间信息的语言学特征及其理解机制（杜清运，2001），但是显然在已有的文献中对于地理信息的语义尺度探讨研究还较少。吴凡等提出了地理信息的语义尺度，但是对其的探讨仅仅处于概念的探讨阶段。地理信息语义显然与地理本体有着密切的关系，但是它们是两个不同的范畴。空间和时间并不能界定地理信息的所有方面，人们对于地理实体类型、对象及本质属性的抽象程度是另一个重要的方面，这就是地理信息的语义尺度。因此，仅提出地理信息的空间尺度和时间尺度显然是有局限性的。地理信息对于地理现象的表达涉及对地理实体本身的概括与分类，比例尺相同的地图，由于目的不同，可能空间范围相同，但是其表达的地理实体及其属性的详细程度可能有很大的区别，如图 2-4 所示。

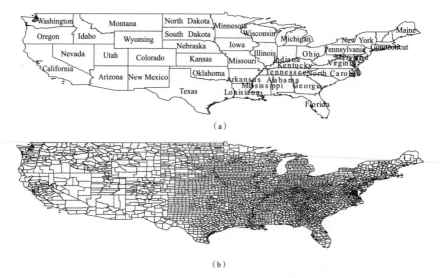

（a）

（b）

图 2-4 比例尺相同的美国本土行政区划图

注：（a）美国本土州行政区划图；（b）美国本土县级行政区划图。

而另一方面，比例尺不同，但是所表达的地理实体和现象却完全相同，这个问题很简单，比如电子地图的简单缩放，在一定的范围内，比例尺、空间细节上不同，但是在实体及其属性上完全相同，如图 2-5 所示。

在地理信息科学的研究中，人们对于时间尺度的关注主要体现在研究和描述地理现象的时间长度，以及地理信息获得的时间说明，对于静态的地理信息，这主要体现在元数据中。时态地理信息系统、虚拟地理环境、多维动态地理信息系统的出现，对于时间的关注仅仅是地理现象发生的时间长度是不够的，人们对于地理过程的描述、分析和模拟必须在一定的间隔、精度对地理现象、过程进行采样，形成地理信息，然后再进行处理表达。可以看出，人们通常对于地理与地理信息科学尺度含义的理解并不能给出地理信息尺度的完整描述。新地理信息技术、理论的发展以及其在地学

（a）

（b）

图 2 - 5 地图的简单缩放

注：（a）放大前空间细节较少且模糊；（b）放大后显示较多空间细节且清晰。

相关学科的广泛应用，使得原来人们对于尺度的概念在对地理信息科学研究中的尺度问题进行描述、分析时显出极大的局限性。在新的理论和技术条件下对尺度问题的概念内涵进行新探讨和拓展对于完善地理信息科学尺度理论具有重要的意义。

2.3.2 地理信息科学中尺度基本理论的探讨

由于地理学和地理信息科学的密切关系，地理学中的尺度研究和地理信息科学中的尺度研究在很大程度上具有重复的内容，但是二者显然关注的重点是不同的。地理学的研究对象地球表层系统很明显是地理信息科学的地理信息来源的物质载体。按照杨开中等（1999）的观点，地理对象的状态和方式是本体论意义上的地理信息，其载体是地理对象本身。而地理信息经过认知、采样、测度，则成为认识论意义上的地理信息。根据地理学和地理信息科学的定义，地理信息科学关注的是利用计算机技术对地理信息进行处理时的理论和技术问题，为地理学研究提供理论和技术上的支持。因此，对于尺度问题，两者关注的重点、目的显然是不同的，地理学更多的是关注本体论意义上的尺度问题，尺度是认知地理现象、发现地理规律、进行地理研究的一个内在的要求，就是地理研究的尺度要符合地理现象本身的尺度特征，尺度问题是理解地理现象、地球表层系统的关键，地球表层系统的一个重要特征是它的层次性。在地理信息科学中，人们对于尺度的关注主要是从地理信息的获取、认知、处理、传输、分析和表达的角度来考察的，更多地关注与尺度有关的一些理论和技术问题，比如不同尺度的地理信息的获取、转换、处理等，特别关注的是地理数据的多尺度处理、分析与表达。

香港理工大学李志林（2005）教授研究了地理空间数据处理的尺度理论，提出了尺度图谱概念、地学尺度概念（见图 2-6），分析了地理学中尺度和欧氏空间尺度的区别。

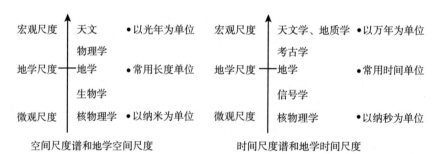

图 2-6　空间尺度谱和地学空间尺度

资料来源：李志林，2005。

欧氏空间是指欧氏几何中使用的抽象空间，它与地理信息科学中的"尺度"含义不同。欧氏空间中，任何对象都相对于一个整数，放大（或者缩小）会导致二维空间中长度增大（或者缩短）以及三维空间中体积增大（或者缩小），但是对象的形状保持不变，该过程是可逆的（见图 2-7）。在地理信息科学中对象的维数不是整数，而是分维数，在此空间中，一条线的维数介于 1.0~2.0，一个面的维数介于 2.0~3.0。地理信息科学中，当对象由大比例尺变换到小比例尺时，其复杂度被减轻，以便适应此比例尺的表达，但是当对象由小比例尺放大到大比例尺时，其复杂度不能复原，即该过程是不可逆的（见图 2-8）。

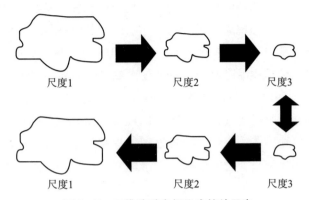

图 2 - 7　二维欧氏空间尺度缩放示意

资料来源：李志林，2005。

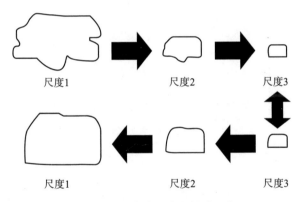

图 2 - 8　二维地理空间缩放示意

资料来源：李志林，2005。

在《GIS 中二维空间目标的非原子性和尺度性》一文中，李霖等（1994）根据空间对象的表示特点，分析了空间目标的非原子性（可分割性），通过形式化定义这些目标、目标之间的关系以及目标行为的尺度特性来研究多尺度空间目标和非空间属性随比例尺变化的一般规律，指出空间目标的尺度多态性可以用其特征的值来描述，值的变化在一定条件下会导致空间目标结构的变化。并以集合论为基础，定义了空间目标的聚合算子，提出了多尺度空间目标的聚合模型（李霖、吴凡，2005）。

时间尺度一般指地理信息描述的地理现象的长短，这种说法显然存在缺陷。即使对于同一地理现象、过程的描述，时间长度相同，由于采样时间间隔的不同，会表现出不同的特征（James B.，1989）（见图2-9），图中显示的地学过程属性值是逐渐降低的，但是在A到B之间属性值是升高的，如果采样间隔小于A、B之间的时间跨度，那么A、B之间的变化趋势是表现不出来的。所以一种时间尺度（采样间隔）的地理信息只能反映这一尺度的特征和规律，要完整地描述、表达、分析地理过程和现象，要利用时间多尺度地理信息。采样间隔越小，越能反映地理事物空间形态、地理事物属性的细小变化。

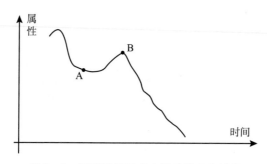

图2-9 不同采样尺度上属性的变化过程

资料来源：李军等，2005。

尺度问题的基本理论反映了地理信息科学中关于尺度的基本规律，尺度图谱大致界定了在地理与地理信息科学中地理现象、过程发生发展的空间与时间范围，出了这个范围，就不再属于地理信息科学的研究内容了。欧氏空间中的二维几何形状的缩放具有形状不变性，而二维地理空间的尺度变化具有分维性和不可逆性。时间尺度和空间尺度对于地理信息描述的地理现象的格局及过程特点具有决定性的影响，因此尺度怎样决定格局？尺度怎样实现对于观测到的地理现象的格局解释？尺度怎样影响决策的制定？在研究一个特定的地理现象时，什么是合适的尺度？可以得到什么样相关的结论？等都是地理信息科学重要的研究课题（Martin C. G. et al.，2004）。

2.3.3 数字环境下尺度问题的探讨

1. Goodchild M. F. 和 Proctor J. 对于数字环境下地理信息尺度的探讨

在地理信息系统出现以前，与地理信息有关的尺度主要是指地图比例尺（Goodchild M. F.，Proctor J.，1997），它是一个分数，定义为图上距离与实地距离的比，传统上被用来概括地图上的地理细节层次的特点。随着数字技术的出现，地理信息的表达出现了新的特征，比例尺的分数不能很好地表达数字地理数据的尺度特征。像其他的信息类型一样，现在几乎所有的地理信息在其生涯的各个阶段都要经过一个或者几个数字表达的形式，也许是应用数字遥感和影像处理（Jensen，1996）、全球定位系统（Leick，1995）、地理信息系统（Maguire，Goodchild，Rhind，1991）以及其他一些表达框架和数据模型（Peuquet，1984；Molenaar，Hoop，1994）等新数字信息获取技术的原因。Goodchild 等在 *Scale in a digital geographical world* 探讨了在数字环境下的地理信息的尺度问题，主要讨论的问题如下：

➢ 地理细节层次　大多数地理信息都有清晰的或者模糊的地理细节层次，这是所有地理数据集的重要属性，通过限制地理细节层次，我们可以在合理的花费范围确保给出可能合理的地理信息描述。地理细节层次不管是不是数字的，很明显它决定了数据搜集的花费、数据处理的花费。

➢ 制图学中的尺度　尺度对于地图制图学家来讲，它是地图比例尺，通常以一个分数的形式表示，大比例尺是一个大的分数，对应着较为详细的地理细节。而对于通常的科学研究团体来讲，大尺度意味着地理覆盖范围较大，一般对应着粗糙的地理细节。

➢ 数字环境下地理信息细节层次的测度标准必须满足的六个必要条件①测度标准能够恰当地定义模拟和数字形式的地理信息，而且在两者进行转换时不发生变化；②测度标准应当能在地理信息的数字表达形式（比如，矢量和栅格）范围内有意义，尽可能不受他们的影响；③测度标准应当能被任何缺少严格定义的领域的普遍知识的使用者很容易地接受；④测度值应当很容易通过对数据集的分析来得到，而且在数据集范围的重新定义下不变；

⑤根据一定明确定义的综合方法综合时，测度的结果应当是可预测的；⑥测度标准的定义应当独立于地理数据的其他特征，并且也不一定与地理细节层次相关，比如位置的准确性。

➤ 对象模型和域模型的地理细节层次　对于域模型来讲，地理细节层次常常意味着对象的选择及其定义。例如，用点来表达村庄首先意味着地理细节层次恰好使单个的村庄能够识别，其次是层次还不够精细以至于能够表达村庄的构成——如房屋道路等。地理细节层次在对象模型中体现在每个对象的意义或者具体含义，也就是它的语义。对于域模型来讲，规则的采样点和不规则的采样点是不一样的。对于成直角排列的采样点，一个适当的测度标准是空间，这一标准在模拟、数字的转换过程中是不变的。对于成矩形的，很明显区别于正方形，有两种间隔，显然在一个方向上的细节比另一个方向上的要详细。对于不规则的空间采样点，地理细节层次是由采样点的位置决定的，而且在一定程度上与决定采样点的规则是相关联的。

（Goodchild & Proctor，1997）

2. 数字环境下地理信息表达的新特征使得尺度问题出现新的挑战

数字环境下，地理信息的表达出现了形式多样化、可视化、动态化、多尺度化、多维化等特点。地理信息表现形式的多样化主要表现于地理信息除了传统的文字和纸质地图之外，地理信息可以以图像、图形、图表、声音、数字、视频、动画、电子地图、虚拟现实等表示。地理信息可视化是指利用计算机图形学和图像处理技术，将地理数据转换成图形或图像在屏幕上显示出来，并进行交互处理，计算机将大量抽象的地理信息映射到直观的图形、图像上，人们通过图形、图像的结构和特征等来理解认识从而获得知识，这大大提高了人们认知地理信息的能力。地理信息的可视化主要包括地图可视化、地理可视化、GIS可视化等。地理信息动态化包括两个方面的含义：一是电子地图通过动态的符号设计来达到认知的适人化，使地理信息的认知方便、省时省力；二是通过动画、虚拟现实等实现对于动态地理现象和过程的模拟，如对于洪水淹没情况的模拟。动态的地理现象主要表现形式有以下几种：地理事物流（物质的如人流、水流，能量的如电力流动，信息流如互联网上的信息流）；地理事件（洪水、泥石流、森林火灾、地震、交通事故）；过程（如全球变暖、天气过程等）。地理现象的动态模拟的详细程度主要是受两个要素的控制：一是地理实体本身空间与属性特征描述的详细程度；二是时间的采样间隔。二者之间存在着密切的相关关系。

地理信息表达和分析的多尺度化是与地理信息系统和数据库技术的发展密不可分的，数据库技术是实现多尺度表达的基础，在数据库的支撑下，可以根据人们对于地理信息的详细程度的需求，实现适宜尺度地理信息的表达和分析。地理信息的多维化是指对于地理实体及其属性在四维时空中变换过程的描述和分析。对于地理信息的表示，我们可以把语言文字描述的视为零维的地理信息。一般的在实践中，地理信息一般表示为二维的平面地图。现在，人们逐渐把二维地理信息、三维地理信息的定义延伸到四维，把时间视为第四维坐标轴。这种表示仅能表示地理现象的空间特征随时间的变换规律，不能表示地理实体的属性随时间的变换规律。因此，对于地理信息，我们可以将地理实体定义为三维实体 $\{x, y, z\}$ 和有关属性 $\{p_0, p_1, \cdots, p_n\}$ 的集合，把时间 t 视为第四维，把属性视为地理信息的第五维或者更高维，这样就可实现地理信息的多维表示，比较典型的代表比如温度场的动态表示、湿度场的动态表示。

在数字环境下，地理信息的抽象程度的界定和描述，是与地理信息建模的方式有关的，与具体的表达方式也有关。从真实世界的地理实体、地理现象到地理信息的建模模型主要有两种（陈述彭、鲁学军等，2002），一种是基于域的模型，另一种是基于对象的模型。基于域（Field-based）的模型把空间信息作为连续的空间分布的信息集合来处理，每个这样的分布可表示为从一个空间结构（如覆盖在理想的地球表面模型上的规则格网）到属性域的函数。地形数据、降雨量、温度场等适合用这种模型。基于对象（Object-based）的模型把空间存在的地理信息作为不连续的、可识别的、具有地理参照的单个实体来处理。域和对象可以在多个水平上共存，两者不排斥，两者各有优缺点，在地理信息获得的时候要恰当地进行两者的结合。显然对基于域模型获得的地理信息抽象程度的描述和对基于对象获得的地理信息是有很大程度的区别的。基于域模型的典型例子是数字地面模型（DTM），数字地面模型可分为七类：规则格点（格网）数字地面模型、散点数字地面模型、等值线数字地面模型、曲面数字地面模型、线路数字地面模型、平面多边形数字地面模型和空间多边形数字地面模型。这七种数字地面模型，对于地球表面的细节层次的描述方法绝对是不一样的。地理信息的数字化使得刻画地理信息的抽象和详细程度的尺度问题成为一个重要的挑战。

2.3.4 地理信息科学中的多尺度问题与尺度变换

地理信息的多尺度表达分析、尺度变换是与尺度有关的另外一个重要研究领域。地形表达和基于地形的各种地学分析与模拟具有很强的尺度依赖性，数字高程模型（DEM）作为区域地形表面的主要数字化表达方式，尺度问题很重要。刘学军（2007）等在分析数字高程模型中的尺度问题时，提出了DEM地形分析的尺度体系，把DEM及其地形分析中的尺度划分为地理尺度、采样尺度、DEM结构尺度、分析尺度和表达尺度等五类，分析了DEM地形分析的尺度效应，即单尺度效应、边界效应、交叉尺度效应。提出了DEM地形分析的尺度变换模型、尺度推绎模型、多尺度地形分析模型、尺度反演模型。

地理信息的多尺度表达也是地理信息科学研究的核心内容，是其研究的前沿课题之一（李霖、吴凡，2005）。地理信息的自动综合是实现空间数据多尺度表达的技术核心之一，地理信息具有明显的多尺度特征（王家耀、成毅，2004），由于地理信息的自动综合这个困扰地图学和GIS界的国际难题至今仍难以解决，当前的GIS数据库为了满足人们浏览空间数据集的不同需要，不得不存储多种比例尺、不同详细程度的地理信息，即同一地理实体的多种表示共存于同一个数据库中，因此会产生大量的数据冗余和许多弊端，更重要的是会在进行分析时产生一系列问题，需要合适的地理信息多尺度处理与表示方法，使之通过多尺度操作，实现从一种尺度的表示过渡到另一种尺度的表示。地理信息的多尺度表达受到了许多学者的关注，提出了各种地理信息的多尺度表达方法和模型。地理信息的多尺度表达模型及方法主要有李霖、吴凡（2005）提出的基于小波理论的地理信息多尺度表达模型；王明常、应申（2005）等提出的基于 Voronoi 图的空间信息多尺度表达方法；赵春燕提出的基于 SVG 的空间数据多尺度表达方法；杨族桥（2005）提出的基于提升方法的 DEM 多尺度表达研究；尹章才、李霖（2002）等提出的基于 Petri Net 的多尺度表达模型；王新明、冒爱明提出的基于 Haar 小波的 DEM 多尺度表达的方法模型。武汉大学艾廷华教授（2004）从数据组织角度，针对数据量压缩和尺度变化粒度精细（在几何细节层次上变化）的特点，归纳出四种实施多尺度表达的策略。在尺度变化空间，与尺度 s 对应的表达为 $f(s)$，由尺度 s_i 到尺度 s_{i+1} 的变化为 $\Delta f_i = f(s_{i+1}) - f(s_i)$，这里以数据库的存储内容为考察对象，多尺度表达的实现技术有以下四种策略。

1）多级尺度显式存储型，数据库存储的数据集为 $\{f(s_0), f(s_1), f(s_2), \cdots, f(s_i), \cdots\}$；

2）初级尺度变换积累型，数据库存储的数据集为 $\{\Delta f(s_0), \Delta f_1, \Delta f_2, \Delta f_3, \Delta f_4, \cdots\}$；

3）关键尺度函数演变型，数据库存储的数据集为 $\{\Delta f(sk_0), \Delta f(sk_1), \Delta f(sk_2), \Delta f(sk_3), \cdots\}$，其中 $\Delta f(sk_i)$ 为关键尺度；

4）初级尺度自动综合型，数据库存储的数据集为 $\{f(sk_0)\}$。

以上四种策略，从 1）到 4）自动化程度逐步提高，其中 1）和 4）是两种极端状态。

多尺度空间数据挖掘理论也是尺度问题的重要研究领域。孙庆先（2003）分析空间数据特点和数据挖掘技术方法，提出多尺度空间数据的挖掘理论，认为除幅度和粒度外，形状和方向也是尺度表达方式的必要形式。认为可塑性面积单元问题的实质是多尺度分析的思想。在数据挖掘的粒度问题上，他首先提出"网状"元组的概念："网状"元组是一种既非像元又非空间对象的处理元组，它既可以同一像元（栅格单元）一样代表图形（图像）上一定的面积，充分利用像元的位置、特征值、高程值、坡度值等具体而详细的信息，又可以利用空间对象整体形态特征的属性值，这样即可在空间数据与尺度之间建立纽带，解决空间数据与尺度之间无法联系的难题，为多尺度空间数据挖掘奠定了基础。孙庆先提出多尺度空间数据挖掘过程可用式（2-1）表示：

$$K(knowledge) = \begin{cases} K_1(knowledge_1) & dataset_1 \in scale_1 \\ K_2(knowledge_2) & dataset_2 \in scale_2 \\ \vdots & \vdots \\ K_m(knowledge_m) & dataset_m \in scale_m \end{cases} \quad (2-1)$$

孙庆先认为尺度可用幅度、粒度、形状和方向来表达。若以幅度来表达，当 $scale_2 > scale_1$ 时（即幅度增大），则 $dataset_2 > dataset_1$；若以粒度来表达，当 $scale_2 > scale_1$ 时（即粒度增大），则 $dataset_2 < dataset_1$；若以形状和方向来表达，不论 $scale_2$ 与 $scale_1$ 是何种关系，都有 $dataset_2 \neq dataset_1$。此外，多尺度还可以表现为粒度、尺度、形状、观测方向两两组合出现变化或三者组合、四者同时出现变化的复杂情况。

在国外，地理信息的多尺度表达也是许多学者探讨的重要课题。由于传统的空间索引像 R 树变量对于一定范围的查询特别有效，但是对于在不同尺度上显示而产生的大的地图，这是不够的。Edward 和 Chow（2001）提出一种用于 R 树的概括方法，称为多尺度 R 树，可以有效地在不同细节层次上对几何目标进行检索。这一方法的改进由两种概括的技术构成制图选择和简化。选择意味着那些对使用者相对来讲不太重要的对象在目前的尺度不会被检索；简化意味着，在一定的尺度除了不必要的细节对象得到了充分的显示。通过这样处理，就减少了地图在屏幕上显示的时间。对于多尺度 R 树执行效率最大影响的障碍是简化技术所要求的对于几何对象的适当分解。为了解决这个问题，设计了多尺度 Hilbert R 树。

其他模型有 Raquel Viaña 和 Paola Magillo（2006）等提出用于矢量地图的多尺度模型。该模型基于一系列操作算子集，称为更新资料，通过它可以在小比率地图中更改细节，能被表示为直接的非循环图表，而其定义了多尺度结构。

地图综合是典型的尺度变换，是由大比例尺地图获得小比例尺地图的过程，这方面的研究一直是地图学的焦点。数字环境的出现使得地理信息的尺度变换瞬时进行。尺度变换和多尺度表达紧密联系，表达的尺度由一种变为另一种时，就发生了尺度变换。空间尺度变换一直受到人们的关注，而时间尺度的变换受到的关注较少，另外人们几乎没有讨论语义尺度变换问题。时态地理信息系统和多维动态地理信息系统的出现，使人们开始关注时间尺度问题，也有学者开始关注语义尺度问题，但是目前来讲这两个方面的研究还比较少。

2.4　地理信息科学中尺度研究存在的问题

2.4.1　概念体系问题

在地理信息科学中，尺度问题一直是一个核心的理论问题，其重要性已经被许多学者所关注（Goodchild，1997），以至于 Goodchild 提出要建立地理信息科学中的"尺度科学"。在社会中，尺度也是无处不在的，而且是紧紧地和测度联系在一起的。在与地理信息科学紧密联系的学科中，测绘科学、遥感、地理学、生态学、水文学等对于尺度问题的探讨一直是研究的热点问题之一。不同的学科对于尺度问题的认识是从本学科的实际需要出发的，比如对于景观生态学，人们关注得更多的是空间方面，采样的粒度、间隔及尺度效应，而水文学也关注尺度问题，除了空间外，更多地关注了水文的时间尺度问题。作为应用地理信息科学的相关理论和技术的地学相关学科，对于尺度的认识是相互联系相互影响的，在概念体系上也是相互借鉴的。地理信息科学中的尺度问题不仅涉及地学本身的尺度，还涉及测度的尺度（认知的尺度），另外还特别关注数据处理中的尺度问题，而数据处理广泛地与技术密切相关。在地理与地理信息科学中，尺度的概念体系比较有影响的有 Lam 和 Quattrochi 提出的概念体系以及吴凡等提出的广义尺度概念体系。但是，即便如此，人们对于尺度问题的认识在概念体系上还是存在着模糊与争议。无论是 Lam 和 Quattrochi 的尺度体系，还是吴凡等的尺度体系，在表达和描述地理信息的尺度时还存在一些问题。而且这两种尺度体系都没有把尺度的内涵与外延区分开来，比如在 Cao 和 Lam 改自 Lam 和 Quattrochi 的尺度体系中，把制图尺度、地理尺度、运行尺度和测量尺度并列起来，没有明确分析它们的本质区别，实际上，地图比例尺与地理尺度在本质上是有区别的，地图比例尺反映了人们的认知和描述的详细程度，而地理尺度是地理现象本身的特征。把这个尺度体系用于地理信息科学，显然是有很大的局限性的，主要表现在以下几个方面：①这个体系中没有描述地理信息的类型和地理实体详细程度的界定尺度，也就是描述地理信息实体及其类型属性的尺度；②空间尺度、时空尺度、时间尺度刻画的量纲指标没有给出，也就是没有明确这几种尺度的内涵及其测度，对于时间、空间尺度的刻画仅仅是比例尺、分辨率是不够的；③制图尺度、地理尺度、运行尺度、测量尺度在本质上是有区别的，把它们并列在一起忽视了它们的本质区别，显然地理尺度是地理现象的本征尺度，而制图尺度则是人们一种主观的认知尺度，而测度尺度则是地理信息获取时（测度时）的依据和标准，就是获取什么样抽象和详细程度的地理信息，测度尺度决定了最原始的地理信息的地理细节层次；④在地理信息科学中，尺度的问题在从地理现象到地理信息运行的每一个环节，都是必不可少的需要考虑的要素，这种分类体系没有考虑信息运行的问题；⑤尺度内涵与外延之间的关系没有交代清楚。在吴凡（2005）等提出的尺度体系中，显然有了改进，这就是语义尺度，但是上述的一些问题仍然没有解决，而且他们提出的语义尺度本质上还是空间尺度，只是空间尺度的粒度，而且他们把空间尺度等同于空间范围，这些问题有待于探讨。那么语义尺度应该界定和反映什么？语义尺度怎么描述？语义尺度怎样进行变换？这些问题都是需要解决的，另外，时间尺度、空间尺度与语义尺度之间是什么关系？在尺度进行转换的时候会发生怎样的联系？都是需要探讨的问题。

显然在地理信息科学中，尺度问题涉及了从地理现象到经过测度，形成地理信息到信息的处理、分析、表达的每一个环节。对尺度概念体系进行重新的思考和构建具有重要的意义。实际上，在地理信息科学中，地理信息是对于地理现象的一种抽象概括，传统上是以地图比例尺来界定概括与抽象的程度的。地理信息新技术体系的飞速发展使得地理信息的获取、处理、表达都出现了新的特征，这些特征不仅使得地图比例尺的作用日益显示出其局限性，就是上面提出的尺度体系也不能适宜地界定地理信息的尺度问题。特别是地理信息新技术如遥感、虚拟现实技术、多媒体技术、网络等的应用，地理信息的获取、处理、表达都出现了新的特征，这些特征主要表现在以下几个方面：

1. 三维化与多维化

计算机技术的发展，特别是三维技术，虚拟现实技术的发展，使得地理信息的表达更加接近真实的自然世界，使人们的认知更方便，多维化地理信息不仅能表示三维的地理空间特征，也能表达地理实体属性的变化。

2. 时态化与动态化

时态化是指能够表达地理现象随时间变化而发生的地理实体空间及其属性的变化，动态化是指能够对地理现象、过程进行动态地模拟，另外也指动态地显示地理信息。

3. 多尺度化与多态化

多尺度化是指对于在地理数据库中存储有不同细节层次的地理信息，人们根据需要选择合适尺度的地理信息。多态化是指同一地理实体可以不同的形态来表示，比如二维的几何体、三维的几何体、文本、动画等。多尺度化与多态化有紧密的联系。

4. 多源化与实时化

多源化是指地理信息获取来源的多途径化，数据格式的多样化。实时化是指地理信息获取的时间周期极为缩短，可以实时获得相关地理信息。

新的特征使得人们需要对于地理信息科学中的尺度问题重新进行审视，需要提出新的尺度体系来描述这一问题。这是本书要探讨的一个重要问题。

2.4.2 地理信息的尺度变换问题

地理信息的尺度变换问题是地理信息科学中的一个重要问题。尺度变换就是由一种尺度上的地理信息得到其他尺度上的地理信息，由于受各种主客观条件的限制，人们通常所得到的只是某一尺度的具有某种详细程度的地理信息，然后由这种信息去经过辨识、推绎来获得其他尺度上的信息。实际上地理信息的尺度变换是一个很普遍的问题，最典型的莫过于地图综合，地图综合的本质就是"地理信息变换"（毋河海，2000）。德国学者把地理数据库中的地理信息称为"数字景观模型"（Digital Landecape Modle）。毋河海（2000）认为，由于 DLM 是由实体信息和实体之间的关系构成，因此地图综合这一信息变换过程就体现为：根据一定的条件（目的、用途、比例尺等），把初始状态下（比例尺 1、地图性质 1、地图用途 1、…）的实体集 $E_{初始} = \{e_{初始}\}$ 及关系集 $R_{初始} = \{r \mid r \in E_{初始} \times E_{初始}\}$ 变换为在新条件下（比例尺 2、地图性质 2、地图用途 2、…）的实体集 $E_{新} = \{e_{新}\}$ 及关系集 $R_{新} = \{r \mid r \in E_{新} \times E_{新}\}$。实际上，我们可以反过来讲，地图综合是地理信息变换的一种主要形式。而且，地图综合只是地理信息的空间方面以及语义方面从精细的地理信息得到概略的地理信息的过程，没有涉及地理信息的时间方面。而且，地理信息的变换方向也是确定的，只有一个。因此，只能说制图综合只是地理信息变换的一个方面。制图综合更多地强调信息变换的操作方面以及有关的模型和算子，实际上，就像毋河海教授认为是一种地理信息的变换。但是地理信息的变换，不仅仅包括地图综合，尺度变换应包括更为广泛的范畴。空间插值是地理信息变换的另外一种主要的研究领域，主要针对的是基于域模型的地理信息，主要是由粗糙的地理信息推得详细的地理信息，有各种方法。地理信息的变换有两个方向，一个方向是由详细的地理信息得到简略的地理信息；另一个方向是由简略的地理信息得到（推绎）较为详细的地理信息。地理信息变换就是描述和界定地理信息的尺度发生了变化，实际上就是地理信息的尺度变换。

地理现象本身是具有层次性的，反映在地理信息上就体现为信息的层次性，这种层次性为尺度所制约。地理信息受制于相应的尺度，而且"每一尺度上都有其约束体系和临界值"，经典的等级理论认为"尺度变换必然要超越这些约束体系和临界值"，这样变换后的结果与原来相比，就存在着理解上的偏差。但是不同尺度下的地理信息的联系（由地理现象的本质联系决定）也为这种变换提供了客观依据。这使得地理信息的变换成为可能。

像制图综合一样，地理信息的尺度变换也存在着规律性。地理信息本身是对地理现象客观现实的抽象，抽象的方法或者说模型主要有两个：基于对象模型和基于域的模型，对象模型建模的地理信息常用矢量数据来表达，而基于域模型的地理信息常用栅格数据来表达。这也是地理信息的主要的表达模型，它们之间有着很大的区别。因此，讨论地理信息的尺度变换要分开讨论这两种情况。

地理信息是对客观现实的抽象，这种抽象主要体现在三个方面：地理实体的空间形态方面、地理实体及其本质属性的抽象、地理现象发生过程的抽象。这表现为地理信息的三个特征：时间特征、空间特征和语义特征。

这样，地理信息的尺度变换主要体现为地理信息的抽象程度发生了变换，这不仅包括空间方面及与之紧密联系的语义方面，还应该包括时间。时间方面主要体现在对于地理过程的概括。

2.5　本 章 小 结

本章主要研究内容如下：

（1）讨论了尺度在社会中的广泛含义，尺度描述、判断和界定事物，它是人们测度和判断的标准。

（2）综述了尺度与尺度变换问题在地理学、遥感、水文学、生态学等与地理信息科学相关学科中的研究状况和研究进展。

（3）综述了地理信息科学中尺度问题的研究进展，主要包括尺度概念体系、尺度理论、数字环境下的尺度问题、多尺度与尺度变换几个方面，分析了地理信息科学中尺度研究存在的问题。

第3章　地理信息科学中尺度的三重概念体系和尺度特性

3.1 地理信息科学研究中尺度的三重概念体系

3.1.1 地理信息科学尺度的三重概念体系

地理现象是地理实体在时空中相互联系与运动变化，地理现象在真实世界中的发生在时间上有延续性、在空间上有广延性。人们在对地理现象进行观察、测量、分析、表达的时候，总是在一定的范围，根据一定的精度、比例、频度，经过采样才能形成地理信息，其实质是对客观现实的抽象和测度，从某个方面讲尺度反映了对抽象程度的界定和描述。我们也可以认为地理现象是本体论意义上的地理信息（杨开中等，1999），进入人们的认知范围后，经过认知和采样便成为认识论意义上的地理信息，储存于人们的大脑、计算机及各种介质中，人们利用所获得的地理信息来认识和分析地理现象。从地理信息运动的过程来考察，地理信息原始载体是客观现实中的地理现象与地理实体本身，人们为了达到认知客观世界中的地理现象及其规律的目的，需要对地理现象进行采样（测度）形成地理数据（地理信息），通过对地理信息的运行机理的分析来达到认识地理现象及其规律的目的，这时候地理信息的载体是地理数据。

在这一运动过程中，经历了三个环节，地理现象本身、对于地理现象的测度、对于地理信息的分析。地理现象本身是有等级层次性的，不同的地理事物、现象具有不同的规模、等级层次特征，这是地理现象本身的尺度特征，即现象尺度。对于地理现象的测度是要建立模型的，测度的范围和精细程度受地理现象本身特征的制约，同时也是与认知目的紧密联系的和受测度设备限制的，测度时的尺度限定即为测度尺度。测度的结果人们获得了初始的地理信息，但是测度获得的原始地理信息，未必满足人们的需求，往往进行处理和变换，人们对地理信息进行分析所依据的尺度标准即为分析尺度，分析尺度应该包括模拟尺度（虚拟尺度，也包括表达尺度）。这样我们根据地理信息运动过程我们把其分为现象尺度、测度尺度和分析尺度。这是尺度的类型，体现了在地理信息运行的过程中对尺度的把握和控制。地理信息是对客观现实的抽象，那么从哪些维度来把握，从哪些视角去抽象，这是尺度的维数，一般为时间、空间和语义。对于尺度的维数分别用什么量或者标准去刻画，这是尺度的组分。因此，在地理信息科学中，尺度问题涉及尺度的种类、尺度的维数和尺度的组分。这就是我们要建立的尺度的三重概念体系。

3.1.2 地理信息科学中尺度的种类

从种类来讲，地理信息科学中尺度分为现象尺度（地理尺度）、测度尺度、分析尺度（模拟、建模、虚拟、表达尺度）（艾廷华，2005）。现象尺度是地理现象（事物）的本身和格局变化过程尺度，它为地球表层系统中的地理现象所固有，超出人的意识之外，因此现象尺度也称为特征尺度或者本征尺度。比如季风和山谷风的空间和时间范围有很大的差异，在空间上前者在百万平方公里的范围上，属于区域性的大气环流，而后者在数十平方公里的范围上，属于地方性的气流运动，在时间上前者以一年为一个周期，后者则以一天为一个周期。测度尺度是对地理现象（实体）观察、测量、采样时所依据的规范和标准，也被称为取样（sampling）尺度或观测（observation）尺度，包括取样单元大小、精度、间隔距离和幅度。地理信息的获得总是在一定的观测尺度下进行的，选取不同的观测尺度，将得到不同范围、精度、信息量、具有不同语义的地理信息。作为人类的一种感知尺度，其常常受测量和观测仪器的制约。分析尺度是地理信息的分析建模的尺度，根据观测或者是测度的结果，经过处理分析，来达到认知规律的目的，并根据实际需要通过一定的信息处理把结果表征出来，因此分析尺度是一种表征尺度，它受制于现象尺度、观测尺度，同时也受人们认知与解决问题实际需要的控制和制约。实际上，现象尺度是本征尺度，而测度尺度、分析尺度是表征尺度，实际上是一种认知尺度。地图、GIS、虚拟地理环境都是对地理信息的模拟表达。测度尺度是由采样框架或策略来决定的。采样框架可分为：单个观测点的空间或几何特征以及采样点的空间图层。尺度在地理信息的运动过程如图 3-1 所示。

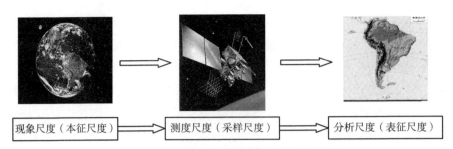

现象尺度（本征尺度） → 测度尺度（采样尺度） → 分析尺度（表征尺度）

图 3 - 1　地理信息科学中现象尺度（本征尺度）、
测度尺度（采样尺度）与分析尺度（表征尺度）

3.1.3　地理信息科学中尺度的维数

地理信息科学中尺度的维数是地理信息所映射的人们所关注的地理现象本身的特征维在地理信息中的反映。Yeuquet D. J. 提出了 TRIAD 模型，认为所有的地理现象均可用属性、空间、时间三者结合来描述，即"what-where-when"三角形模型（Yeuquet D. J.，1996）。实际上，地理信息无论以何种介质来表示，都要表示地理事物现象的时间特征、空间特征，以及地理实体本身区别于其他地理实体的语义特征，因此地理信息这个量的像元必须从三个方面即空间、时间和语义来规范。因此地理信息的维数包括空间尺度、时间尺度、语义尺度。如图 3 - 2 所示。

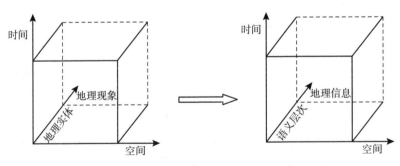

图 3 - 2　从地理现象的特征维到地理信息的表征维

地理信息的时间尺度和空间尺度是指在观察或研究某一地理现象时所采用的空间或时间尺度限定，通常是指某一现象或过程在空间和时间上所涉及的范围，同时也包括空间与时间的间隔、频率、粒度（分辨率）。语义层次尺度语义尺度是指地理信息所表达的地理实体、地理现象组织层次大小及区分组织层次的分类体系在地理信息语义上的界定、规范和限制，其实质反映了对于地理实体及其属性描述的抽象与详细程度。比如在语义层次上城镇的分类有特大城市、大城市、中等城市、小城市、县城、镇等；土地利用类型划分为农业用地、建设用地和利用地，而且可以进一步详细划分。尽管语义尺度不同于时间和空间尺度，但是与时间和空间尺度有着密切的联系，语义层次尺度的刻画受到时间和空间尺度的制约。语义层次尺度的表征主要是通过定名量和定序量来表征。而空间尺度和时间尺度主要是通过测度量和比例量来表征。如图 3 – 3 所示。

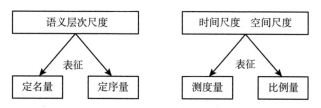

图 3 – 3　时间尺度、空间尺度与语义尺度的表征（改自艾廷华，2005）

3.1.4　地理信息科学中尺度的组分

地理信息科学中尺度的组分是指用于刻画空间尺度、时间尺度、语义层次尺度的构成要素，它主要包括以下几个要素：幅度、粒度（分辨率）、间隔、频度、比率、比例尺、速率（刻画时间尺度）。Hornsby 认为粒度和分辨率之间是有区别的（Hornsby，1993），粒度是指地理要素的认知方面，而分辨率是指地理信息表达的细节的数量特征。通常意义上来讲，幅度是指地理信息所表征的地理现象的广度和范围，空间幅度就是指空间的范围、面积，时间幅度指时间所持续的长度，幅度对于语义层次来讲则指地理信息所表达的地理事物类型及类型的层次。空间幅度大，也叫大尺度，一般对应着较大的范围，空间尺度小对应着较小的范围，也叫小尺度。时间幅度大，就是指地理现象过程持续的时间长。粒度本意是指微粒的大小，即构成物质或图案的微粒的相对尺寸。在地理信息科学中，对于空间尺度来讲，粒度是指地理信息中最小单元所表示的特征长度、面积和体积，比如栅格数据格网的大小以及影像数据的分辨率，有三种空间粒度：空间特征粒度、空间大小粒度、空间关系粒度。对于语义尺度来讲，粒度（分辨率）是指地理信息所能表示的最小单元表示的意义以及层次，粒度越小，所能表达的语义层次越多。在地图中，对于居民地的表示，在大比例尺的地图上可以表达出几个农户的村子，而在小比例尺的图上只能表示出县城和重要的城镇。空间和时间有着明显的区别，一般来讲空间是三维的，时间是一维的。时间粒度就是指在获得地理信息时所采样的计量时间精度或者单位。时间间隔是指采样之间的时间长度（也指地理现象发生的时间间隔），频度是指单位时间采样的次数，比如一小时内采样的次数，间隔和频度之间有密切的关系。空间粒度不仅与比例尺有关，受地理现象本身、采样的精度、表达介质与技术、人的认知水平的制约。粒度与比例尺、分辨率关系密切，但是含义并不完全相同。频度是指单位空间或时间内采样的及表征的地理要素的多少。对于语义层次来讲，地理要素层次的多少，比如居民地，可以根据人口的多少分为十个等级，也可以分为五个等级，是指认知层次。

3.1.5　地理信息科学尺度三重概念体系的内在关系

地理信息科学的尺度定义涉及尺度的种类、尺度的维数、尺度的组分。尺度种类的划分是根据地理信息运动过程中的阶段，体现了地理信息从地理现象（实体）经过观察测量得到原始的地理信息，到处理综合、类型转换等过程不同阶段的特征。一般来讲，现象尺度影响测度尺度和分析尺度（模拟尺度），当然受技术条件和人们认知需求的制约。受表达介质容量的限制，宏观的地理现象一般只能用小比例尺的地图来表示，而采样时的粒度也比较大，间隔较小，而微观地理现象则相反。地理信息科学中尺度的维数是地理现象本身特征及其在测度和分析（模拟）时所要界定的方面，地理现象产生、发展的实质是地理实体及其性质、属性在空间和时间上的运动变化，因此表达地理现象的地理信息都离不开这三个方面，地理实体及其属性的界定是语义层次，而另外的两方面是时间和空间。从而在地理信息科学中，对于地理现象中的实体及其属性、时间和空间就表现为地理信息的语义层次维、时间维和空间维，在地理信息科学中尺度的描述都要从空间尺度、时间尺度和语义层次尺度来描述，不过通常我们更容易关注的尺度是指地理信息的表征尺度。时间尺度、空间尺度和语义层次尺度的界定是通过尺度的组分来实现的。以空间尺度为例，仅以比例尺来表达尺度是不能完全正确地描述的，比如遥感影像，会出现比例尺相同，幅度相同，但是分辨率、光谱带不同，却是不同尺度的地理信息，对地理信息的表达精细程度不同（李志林，2005）。在地理信息科学中静态地理信息实际上常常表示为某一时间点（时刻）地理实体及其性质的空间分布组合状态。在空间上，粒度（分辨率），可以表示为空间大小的粒度、空间特征的粒度，空间大小粒度是采样和表征最小单元的面积、长度，特征粒度是最小的特征单位，比如弯曲。

3.1.6 地理信息科学尺度维数与尺度组分的笛卡儿积及其意义

在地理信息科学中尺度的含义是丰富而且具体的。我们可以用地理信息尺度域的笛卡儿积来详细描述地理信息的尺度的具体含义。对于一个量，我们用一个域来描述，每个域又可以用 n 元组来描述。笛卡儿积的含义是给定一组域，D_1，D_2，$\cdots$，D_n，这些域中可以有相同的，D_1，D_2，D_3，$\cdots$，D_n 的笛卡儿积定义为：$D_1 \times D_2 \times D_3 \times \cdots \times D_n = \{(d_1, d_2, d_3, \cdots, d_n) \mid d_i \in D_i, i = 1, 2, \cdots, n\}$。其中的每一个元素 $(d_1, d_2, d_3, \cdots, d_n)$ 叫做一个 n 元组或者简称元组。元素中每一个值 d_i 叫做一个分量。笛卡儿积可以表示为一个二维表，也可以集合的形式表示。在地理信息科学中，我们定义尺度的维数域：$Dimension(d_1, d_2, d_3)$，d_1、d_2、d_3 分别表示时间尺度、空间尺度、语义层次尺度；尺度的组分域：$Components(cp_1, cp_2, cp_3, cp_4, cp_5)$，$cp_1$、$cp_2$、$cp_3$、$cp_4$、$cp_5$ 分别表示幅度、粒度（分辨率）、间隔、频度、比例。我们用尺度维数和尺度组分的笛卡儿积来详细界定尺度的具体内涵。地理信息尺度维数与尺度组分的笛卡儿积及其意义：$Dimension(d_1, d_2, d_3) \times Components(cp_1, cp_2, cp_3) = D(d_1, d_2, d_3) \times C_p(cp_1, cp_2, cp_3, cp_4, cp_5) = \{(d_i, cp_j) \mid d_i \in D \cap cp_j \in C_p, i = 1, 2, 3; j = 1, 2, 3, 4, 5\} = \{(d_1, cp_1), (d_1, cp_2), (d_1, cp_3), (d_1, cp_4), (d_1, cp_5); (d_2, cp_1), (d_2, cp_2), (d_2, cp_3), (d_2, cp_4), (d_2, cp_5); (d_3, cp_1), (d_3, cp_2), (d_3, cp_3),$

(d_3,cp_4), (d_3,cp_5)｝。其中，(d_1,cp_1) 表示空间幅度，(d_1,cp_2) 表示空间粒度，(d_1,cp_3) 表示空间间隔，(d_1,cp_4) 表示空间频度，(d_1,cp_5) 表示比例尺；(d_2,cp_1)，(d_2,cp_2)，(d_2,cp_3)，(d_2,cp_4)，(d_2,cp_5) 分别表示时间安的幅度、粒度、间隔、频度、速率；(d_3,cp_1)，(d_3,cp_2)，(d_3,cp_3) 分别表示语义的幅度、粒度、间隔。当然也可用一个二维表来描述其具体含义。如表 3－1 所示。

表 3－1　　　　　　尺度维数、尺度组分的笛卡儿积的含义

维数＼组分	幅度（cp₁）	粒度（分辨率）（cp₂）	间隔（cp₃）	频度（cp₄）	比例（cp₅）
空间（d₁）	范围	最小单元面积（长度）和空间特征	相邻地理单元之间的距离	单位空间内采样数量	比例尺
时间（d₂）	长度	时间单位（精度）	时间间隔	单位时间采样数量	速率
语义（d₃）	类的总量与层次	最小的类	语义类之间的差异	—	—

尺度的维数、尺度的组分均可应用于测度尺度和分析尺度。除了这些表征地理信息科学尺度的组分外，比例尺更是常用的表示空间尺度的方式，而速率常用来表示时间尺度。这样地理信息的尺度问题就可以通过尺度分类、尺度维数、尺度组分的笛卡儿积来以标准的形式语言来描述。

3.2　地理信息的尺度特性

地理信息是对地球表面地理实体和地理现象的抽象表达，尺度就是对于抽象程度的一种描述和界定。尺度是地理信息的根本特性，地理信息的尺度特性主要表现在以下几个方面：①尺度效应；②尺度依赖性；③空间可分性与语义联通性；④尺度不变性与尺度一致性；⑤多尺度性与语义层次性。地理信息尺度依赖性是最基本的内在属性，空间形态可分性与可聚合性体现了地理信息多尺度表达和尺度变换时空间特征上的内在联系，语义层次性与语义联通性则体现出多尺度表达和尺度变换过程中语义上的内在联系，尺度不

变性则反映了在一定尺度范围内地理信息表征内容的稳定性，尺度一致性是地理信息的内在要求。

3.2.1 地理信息的尺度效应

在复杂性科学和物质多样性研究中，尺度效应无处不在，对于任何物质，当对其测度、观察尺度的变化时，物质呈现的状态和形式都会发生很大的变化。当观察、试验、分析或模拟的时空尺度发生变化时，系统特征也随之发生变化，这种尺度效应在自然系统和社会系统中普遍发生。实际上，尺度效应是一种客观存在且和尺度有关的因果现象。只讲逻辑而不管尺度效应的无条件推理和无限度外延，甚至用微观实验结果推论宏观运动和代替宏观规律，这是许多理论悖论产生的重要哲学根源（傅伯杰，2001）。在地理信息科学和地理学中，尺度效应是指采样尺度、分析尺度的不同，从而地理格局和过程的空间和时间异质性的不同。在生态学中，尺度效应可能在以下三种情况下发生：仅改变粒度或间隔、仅改变幅度、同时改变幅度和粒度（张娜，2006）。纸质地图是表达、模拟地理信息最自然、有效的方式，也是可视化分析地理现象、地理过程的极好的工具。纸质地图对于地理实体表达的精细程度主要受纸张质量和印刷技术的影响，而屏幕显示的电子地图主要受到屏幕分辨率的制约（见表3-2），分辨率制约了表达地图内容时其各类符号的精细程度（李霖、吴凡，2005）。

表 3 - 2 屏幕分辨率

屏幕尺寸	屏幕分辨率		
	800 × 600	1024 × 768	1600 × 1200
15′	0.34	0.27	0.17
17′	0.39	0.30	0.19
19′	0.44	0.34	0.22
21′	0.48	0.38	0.24

资料来源：以 mm 为单位的屏幕像素尺寸：据 Robert，1997。

尺度效应在许多学科领域是广泛存在的，表现为随着测度和分析尺度的不同，被测对象表现出不同的数量特征、质量特征、空间结构和时间结构特征。在一些特定的学科中，尺度效应问题得到了广泛的探讨。在地理信息科学中，尺度效应是普遍存在的，产生的原因是多方面的。地理信息的尺度效应主要是指尺度变化所造成的对地理现象表达、分析的抽象程度、清晰程度、空间与时间结构模式的响应。一般认为尺度效应包括以下几个方面：一是简单的比例尺变化（比例尺缩放）所造成的对于地理信息表达的效应，比如随着比例尺的缩放会出现的矢量形式的地理信息的浑浊（见图3-4）；二是地理信息经过信息综合的地理实体在不同比例尺上具有不同的表达（见图3-5）；三是对于不同的采样粒度，呈现的空间格局和描述的细节层次不同，对遥感影像来讲，就是分辨率不同所呈现出的不同细节层次和景观格局。另外，尺度

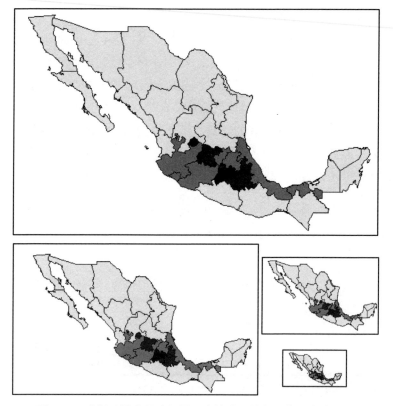

图3-4　比例尺缩小导致矢量形式的地理信息屏幕图像的浑浊

资料来源：Spiess，1996。

效应还表现在不同大小采样单元的地理信息的空间分析结果上，这就是可塑性面积单元问题（MAUP）。

（a）1∶125万

（b）1∶3百万　　　　　　　　　　　　　（c）1∶5百万

图 3 - 5　同一地理实体在不同尺度上的表示（美国休斯顿市）

对于栅格形式的地理信息，比如遥感影像（见图 3 - 6），像元的改变就会影响到地理信息的空间格局，相应的就会有很大改变，像元变大，描述的地理细节层次就会变大，可辨识的地物的图像会模糊，图 3 - 6（a）与图 3 - 6（b）显示的地理细节层次显然不同。

（a）　　　　　　　　　　　　　　　　（b）

图 3 - 6　遥感影像的分辨率变化导致地理细节层次的变化

对于基于对象模型表达的地理信息，空间大小粒度的不同，表达的地理细节层次也不同，粒度越大表达的地理信息越概括，对细节的刻画越简略（见图3-7）。

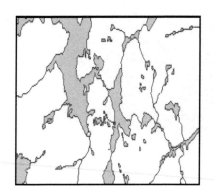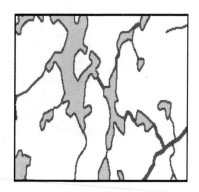

图3-7　采样粒度不同对地理目标表达的影响

3.2.2　尺度依赖性

客观物质世界的尺度依赖性是普遍存在的。地震现象具有尺度依赖性，生态学和地理学中尺度依赖也是无处不在的。在生态学中，空间异质性是随着尺度的变化而变化的，小尺度上的表现为异质性的生态学现象在大尺度上则表现为空间同质性，生态学中景观多样性具有尺度依赖性，可以说景观多样性也是尺度的函数，在不同的尺度上，结果差异显著。在自然地理学中，尺度依赖性很广泛，自然地理现象大都是尺度依赖的，山谷风发生在几平方公里的面积上，而季风一般发生在几百万平方公里的面积上。作为对客观地理事物描述的地理信息，尺度依赖性是指地理信息特征随着数据尺度的不同发生变化，从而引起目标的结构和目标之间组合关系的改变。

地理信息的尺度依赖性主要表现在三个方面：①空间尺度依赖性；②时间尺度依赖性；③语义尺度依赖性。

空间尺度依赖性有三重含义（李霖、吴凡，2005）：①在不同的空间尺度上观察，空间形态的表示可能不同；②尺度对于地理信息具有阈值的作用，也就是说，在特定尺度上观察地理现象和实体，小于阈值的某些地理实体的空间形态、地理实体和过程可能会观察不到，大于阈值的空间形态和地理实体才能被观察得清楚；③研究变量之间因果关系的方法会受到观察尺度的影响，从而使获取的规律或知识出现偏差甚至错误。

空间关系尺度的依赖性也表现为地理目标空间关系的尺度依赖性，空间尺度不同，实体之间的拓扑关系也不同。如面与面的关系、面与线的关系、线与点的关系在大比例尺地图上是一种表示方式，在小比例尺地图上就是另一种表现形式，如表 3 - 3 所示。随着比例尺缩小，地理事物的空间形态发生变化（见图 3 - 8），比如由面状变为点状，由面状变为线状；同时地图图幅缩小，会发生位移各种地理实体之间的空间关系发生变化，比如点与点的相离关系变为点与点的相邻关系。

表 3 - 3 　　　　　　　　　　不同尺度下的空间关系变化

要素及其空间关系变化	较大比例尺	较小比例尺
面与面的相离关系变为点状目标表的相离关系	 1:20万	 1:50万
面与线的相交关系变为点与线的相接关系	 1:300万	 1:2千万
点与点的相离关系变为点与点的相邻关系	 1:100万	 1:300万
点与线的相离关系变为点与线的相接关系	 1:5万	 1:15万

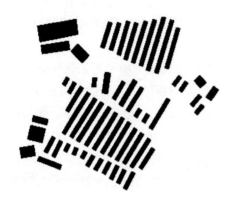

图 3 - 8　一个居民地在不同比例尺地图上的表示

资料来源：Li Z.，Yan H.，Ai T. 等，2004。

　　地理现象过程均与多时间尺度相联系，特别是气候变化，包含多种时间尺度，从月季尺度的气候异常到万年尺度的冰期、间冰期的转换。

　　时间尺度依赖性是指对于地理现象的观察周期和时间间隔的不同，所获得的地理信息呈现出不同的时间特征，反映出的地理过程规律不同。时间尺度的依赖性主要表现在以下几个方面：①地理信息观察周期如果与地理现象和过程本身的尺度特点不同，不能反映地理现象和过程本身的时间特征；②观察的时间间隔与精度对地理信息时间变化的细节描述起决定性的作用，间隔之间的具体变化就不能体现出来，因此间隔变大，地理过程与现象细节变化就反映不出来，间隔越小越能反映地理现象的详细变化，间隔越大，反映的地理现象、过程越简略。

　　一般来讲，时间范围越长，采样间隔越大，精度要求越低，比如地理大陆范围的气温变化，他的采样间隔就是以年为单位的；而对于一场降雨的空间分布来讲，采样的时间间隔可能就是以分钟为时间间隔的。另外，从一定意义上来讲，空间范围较大，相对对应的时间范围也就越长。

　　语义尺度依赖性是指地理信息空间尺度对于语义尺度的制约性，显然在小比例尺地图上是不能显示较小的地理实体类型的，语义尺度的详细和抽象程度与空间尺度联系紧密，但又有自己的独立性。

3.2.3 地理信息空间形态可分性、可聚合性与语义联通性

在地理信息科学中，计算机中呈现的地理实体的空间特征与现实世界中地理实体的空间特征是有很大差异的，由于这个原因，致使在 GIS 中不可能既全面而又准确地反映地理实体的空间规律（李霖、李德仁，1994）。在地理信息的建模过程中，需要把地理实体抽象为一系列目标和要素，然后定义这些目标、目标间的关系以及目标的行为。地理信息涉及表达地理实体的空间形态和位置特征、地理实体及其属性和地理实体的时间特征。地理信息中地理实体具有空间上的非原子性也就是可分性。地理实体分布于连续的地球表面，其主要的空间特征是连续性，这种特性在 GIS 中的操作中都有不同程度的表现，地理信息中反映地理实体的空间目标应能反映出连续性的一个基本的要求——非原子性（目标的静态部分表现为非原子类型、动态部分表现为任意分割行为）（李霖、李德仁，1994）。地理信息中表示的地理实体按几何特征可抽象为点、线、面和体。这几种几何元素是欧氏空间中的概念，就单独来讲每个对象仍具有连续性，但是在计算机中描述时必须离散化（比如线离散为一系列的点），使其成为独立的目标。但是这些独立的目标随着尺度变换如比例尺变大，根据认知目的的需要可以分割为一些更低一级子目标或者构成要素。例如，线状目标一个水系的河流可以分为干流和许多支流，而且干流、支流可以进一步分为许多河段，河段还可以进一步细分；面状目标也可以划分为许多小的、形状各异的多边形（见图 3-9）。线目标与多边形的分割主要是根据其所表示的地理事物的属性和功能在空间上的变化特征和规律。

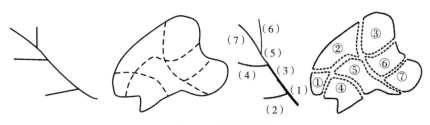

图 3-9 目标被分割

资料来源：改自李霖等，1994。

多边形的分裂主要是根据多边形内地理事物属性在空间上的变化特征。

与空间目标可分性相反的是空间目标的可聚合性，如图 3 - 10 所示，从左至右是一个多边形的分裂过程，而从右至左则是空间目标的聚合过程，这是两个相反的过程，两者并不冲突。空间目标的可聚合性是在地理信息的尺度变换过程中，当空间粒度较小的地理信息变换为空间粒度较大的地理信息时就会发生空间目标的聚合操作，比如由几个面目标聚合为一个面目标，空间目标的聚合主要是根据地理信息各自目标之间的属性和内在功能之间的联系。空间目标的分割和聚合主要是对于线状和面状目标，不包括点状目标。

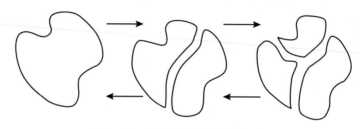

图 3 - 10　多边形的分裂与聚合过程

资料来源：改自李霖等，1994。

地理信息表达上具有语义联通性，这里的语义联通性与计算机领域的语义联通性是不同的。计算机领域的语义联通性，是一项目前还比较模糊的技术，它的一部分由标准的语言组成，经过术语和定义，可以实现多种智能设备间的通信。地理信息的语义联通性是指随着尺度的变化，地理信息的空间形态发生了很大的变化，地理实体本身及其属性的不变性、关联性和层次性，它主要表现在以下几个方面：①随着尺度的变化，地理实体及其属性没有发生变化，比如说随着比例尺的变化，以不同空间形态表示的城市，不管是面状的、点状的形态，所表达的是一个一个地理实体，不会因为空间变化，属性值发生变化（见图 3 - 11），比如面状的河流变为线状的河流；②在多尺度的地理信息数据库中，地理信息的语义联通性是指来自现实世界的同一地理要素在不同尺度的表达间在语义上的层次关系，就是多尺度表达间的语义层次关系（见图 3 - 12）。

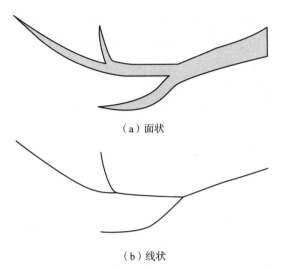

（a）面状

（b）线状

图 3 - 11 空间形态变化所表达的地理实体及其属性没有发生变化

图 3 - 11 是一条河流的两种表示方法，面状河流和线状河流表示同一条河流。

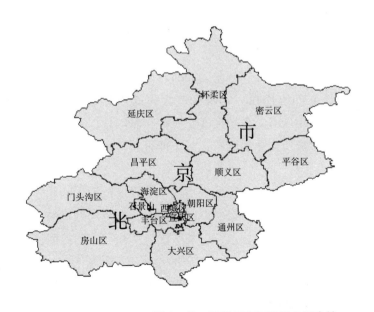

图 3 - 12 不同尺度下的语义层次性

在地图比例尺缩小的过程中，构成一个地理事物的各部分聚合成一个整体，这样只能表达出整体的地理事物，而其各部分与整体之间存在着语义上的层次关系。如北京市政区图（见图3-12）中，北京市的各区县与北京市就存在语义上的层次关系（见图3-13）。语义上的层次关系主要表现为地理实体整体与部分之间、大类与细类之间的语义关联性。

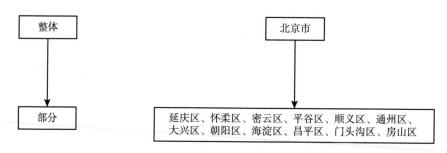

图3-13 语义层次关联性

3.2.4 尺度不变性与尺度一致性

1. 尺度不变性

地理信息科学中的尺度不变性（艾廷华，2005）具有以下含义：①空间特征、语义特征、时间特征的表达在一定限度范围内的相对稳定性；②时间—空间、空间—语义、时间—语义不随尺度变换的相对固定性；③广度范围与粒度大小的相对比率不随尺度变换的特性。下面分别对以上的三点含义进行详细阐述。

（1）空间特征、语义特征、时间特征的表达在一定限度范围内的相对稳定性。其含义是指，在空间方面，在一定的限度范围内，地图比例尺的变化并没有引起所表达的地理实体的空间特点、语义特征的变化，比如以居民地为例，对于县级政府所在地的表示在1∶25万以下的小比例尺地图中都只能以点状符号表示，只能表示其位置特征，无法表示空间形态特征，对于位置特征和空间形态的描述的尺度是相同的，语义特征也没有变化。空间关系特征的描述是和空间形态紧密联系的，一般来讲空间关系也具有尺度不变性。对于时间特征来讲,尺度不变性是指时间尺度的变化在一定范围内并不能反映出空间和语义尺度的变化。

(2)时间—空间、空间—语义、时间—语义不随尺度变化的相对固定性。其含义是指:①时间尺度发生了变化,而空间特征的描述尺度依然保持相对的稳定性,描述的空间细节没有发生太大的变化;②空间形态、空间关系尺度发生了变化,而地理实体及其属性的尺度特征没有变化,保持相对的稳定性;③时间尺度发生了变化,即使地理信息的时间采样间隔更为详细和粗略,而地理信息的语义尺度没有发生变化。

(3)广度范围与粒度大小的相对比率不随尺度变换的特性。不发生地图综合的地图的缩放是典型的例子,这里无论是描述的地理范围还是描述的细节程度都没有发生变化。但是存在这样的问题,粒度过大,幅度就大,可能会超出计算机屏幕的显示极限,人们无法获得正确的认知,粒度过小,屏幕会发生浑浊,或者超出人眼的认知能力之外,也会给人的正确认知带来困难。

2. 尺度一致性

尺度一致性包含两个方面的含义:①指观测尺度与本征尺度的匹配与一致性,实际上是选择合适的空间、时间、语义尺度,这包括与地理现象发生范围一致的观测时间和空间范围,与地理现象本身的特征相适合的采样粒度(分辨率)和采样间隔,以及采用适宜的比例尺,另外也要求对地理实体合适的分类,就是选择合适的语义尺度;②对于地理现象的合适表达和分析、模拟要求时间尺度、空间尺度及语义尺度相互之间一致与匹配。宏观气候学的地理数据往往要求相当长时间的数据,仅仅使用几个月或者几天这样的时间幅度来研究或者描述显然是无法准确地描述气候变化特征的。

就空间尺度方面来讲,显然地理信息要反映地理现象空间特征的时候,空间幅度必须与地理现象发生的空间幅度相一致,比如对于大气污染状况的描述,就必须在整个大气污染范围之内,如果仅仅描述其中的一部分,就无法反映其整体污染状况的发生发展规律。对于粒度(分辨率)的选择来讲,大空间尺度地理现象的表达一般选择较大的空间粒度,描述比较概括的地理空间特征,如果选择较小的粒度,由于受到地图图幅、计算屏幕的显示能力,以及人眼的辨识能力的限制，人们并不能达到理想的地理信息认知要求。而对于较小空间幅度的地理现象的描述，一般就需要选择较小的粒度或者选择较为精细的空间分辨率，这样才能反映地理现象的细节。空间幅度和粒度之间的关系大致有三种情况：①小范围，高分辨率；②大范围，低分辨率；③小范围，低分辨率。如图 3 – 14 所示。

（a）小范围，高分辨率

（b）大范围，低分辨率

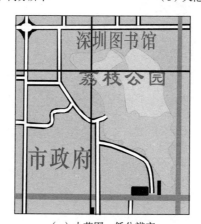

（c）小范围，低分辨率

图 3 – 14　幅度与粒度的三种情况

资料来源：艾廷华，2005。

尺度的一致性，还包括地理信息的表达方式必须与认知目的相一致，这样才能达到地理信息的认知需求。

就时间尺度来讲，地理信息的时间尺度必须与地理现象的时间特征相一致。首先是时间幅度，必须与地理现象和地理过程的发生时间相一致，才能完整地描述和刻画其时间特征，其次时间间隔采样必须与地理现象、过程的时间特征相符合。一般来讲，发生速率快的地理现象、过程的采样间隔要小，这样才能反映具体的时间变化特点和本质特征，而对于发生速率较慢而时间幅度较大的地理现象和过程，采样间隔就比较大，在较短的时间内地理事物及其特征并没有发生较大的变化，对这些变化的说明并没有较大的意义。因此过小的时间采样间隔会浪费大量的人力、物力而并没有实际的价值。时间精度也是一个很重要的要素，一般来讲与时间间隔关系密切，间隔越短，精度要求就越高，间隔时间较长，精度要求就低。时间尺度的选择对于建立时态数据库和对地理现象的动态模拟分析非常重要。

就语义尺度来讲，是与人的认知目的紧密相连的。对于地理实体的分类详细程度的选择，语义尺度严格受空间尺度的控制，语义尺度要能充分正确地反映地理实体及其之间的相互联系。语义尺度与地理实体的复杂程度紧密相关，地理实体分类过于细致有时候不必要，而且会对认知造成干扰。这主要取决于人们的认知与分析需要。

时间与空间尺度要求一致性与匹配。在时态地理信息系统、三维动态地理信息系统、虚拟地理现环境中时间尺度和空间尺度的匹配要求一致性。空间变化都是发生在时间维上的，这是不可分割的。时间尺度与空间尺度的一致性主要由几个方面确定，即地理现象、过程的空间特征、时间特征、人们的认知要求。这主要分为以下几种情况：一是空间幅度大、时间跨度长、地理现象的发生缓慢，比如近百年来全国气温的变化情况；二是空间幅度大、时间跨度短、地理现象发展速率快，如一次天气过程；三是空间幅度小、时间跨度长、地理现象过程发展缓慢，如小区域的地形变化；四是空间幅度小、时间跨度短、地理事物变化较快，比如快速城市化中用地变化。这只是简单的定性分类，当然还有许多中间的状态。第一种情况，空间粒度或者采样间隔都比较小，时间间隔比较大；第二种情况，一般来讲空间粒度比较大，而时间间隔则较小；第三种情况，空间采样一般较小，而时间间隔则较大；第四种情况，空间粒度小，时间间隔相对于第三种情况而言相对较小。

空间尺度和语义尺度也要求一致性和匹配。在地图上，地理信息语义一般是通过地图图例和注记建立的地图符号与真实世界的所指与被指的关系。但是真实世界是复杂的，人们对于真实世界的认识是建立复杂的概念分类体系。如果在空间上能够表达详细的地理特征，那么在语义上也应该可以表示得更详细。在空间上能够显示出较多的空间细节，比如说居民地的等级，那么在语义层次上也应该能表示出来，当然这要根据认知的需求。

3.3 地理信息科学中的尺度变换

地理信息的特征维为时间、空间和语义。而对于特征维内涵进行描述和界定的尺度的组分则包括幅度、粒度（分辨率）、间隔、比例尺（比率）、频度等。实际上，尺度组分的每个元素的变化都会引起地理信息尺度特点的变化。但是，在实际工作中，由于受到观测条件、人力物力、地理现象本身特征（比如环境恶劣）等的制约，人们往往无法获得自己需要的理想尺度的地理信息。这就需要在已经获得或掌握的一定尺度的地理信息的基础上来推绎、推测或者演绎其他尺度的地理信息，这就是尺度变换（Scaling）。尺度变换也叫尺度推绎、尺度变化、尺度转换等，叫法不同，实际的含义差别很小。尺度变换与制图综合具有密切的关系，一般认为制图综合是尺度变换的一种，而且更为强调对于矢量地图的由大比例尺地图到较小比例尺地图的制图过程，是一个单向的过程。李双成等认为（李双成、蔡运龙，2005），尺度变换是将数据或信息从一个尺度转换到另一个尺度的过程，可以是由精微尺度上的信息得到较大尺度上概略的向上尺度变换，也可以是由大尺度上较粗糙的地理信息得到精微尺度的地理信息向下的尺度变换，前者称为尺度上推，后者称为尺度下推。地理信息科学中的尺度变换，包括以下几个方面的含义（应申、李霖等，2006；赵文武、傅伯杰等，2002），一是尺度的简单缩放；二是时间、空间结构特征及语义特征随尺度的变换重新组合和显现；三是根据某一尺度上的信息（要素、结构、特征等），按照一定的规则和方法，推绎、推测来获得其他尺度上的信息，或者研究其他尺度上的问题。

　　尺度的简单缩放，只是改变表达地理信息的地图比例尺，而其他方面比如时间特征没有任何的改变，空间特征上可以显示在一定范围内较多的细节，空间关系几乎没有改变，语义特征也没有改变，这样可以使人们的阅读与认知更方便些。时间、空间、语义特征随尺度的变换重新组合和显现，是指地理信息的细节层次与整体格局发生了变化。对于空间特征来讲，其形成原因可能是比例尺（比率）发生变化，经过制图综合形成了其他比例尺上的地理信息，或者是由于选取粒度发生了变化。有时候，比例尺不变，而由于认知目的不同，也可能导致对于地理信息的细节层次需求有很大不同。采样间隔的不同也会导致对于地理现象、实体描述的细节差异，空间幅度的变化也是尺度变化的一种形式。空间粒度发生变化一般会导致空间关系、空间模式的变化。

　　时间采样间隔的变化会导致对于地理现象过程描述的详细程度发生变化，从而刻画出不同的地理过程特征。语义的重新组合和显现是指反映地理实体及其属性的类的归并与综合。另外，对于不同建模方式地理尺度变换的特点也不同，基于对象模式的和基于域模式的地理信息的尺度变换的特点是不一样的。各种数据格式也会对地理信息尺度变换产生影响，比如域建模的地理信息中规则格网和 TIN 两种数据格式和空间形态是截然不同的，因此这两种形式数字地表模型的尺度变换方法也会有很大的不同。

　　地理信息科学中的尺度变换和地理学和生态学中的尺度转换具有不完全相同的含义。不同形式的地理信息，尺度变换是不完全相同的，遥感影像信息的概括和地图制图中从大比例尺地图到小比例尺地图的地图综合不同，制图综合是为了使地图能反映出相应比例尺制图区域的地理特征，在舍去一些细部的同时对于某些按比例尺不能显示出来的具有重要意义的地物，要有意夸大表示；而在遥感图像上显示出来的信息概括，则完全是受技术条件和比例尺的制约。这种图像信息的概括是客观的被动的，反映了在图像上损失信息的客观事实。在选择遥感图像及遥感图像成图过程中要考虑这个因素。

　　界定地理信息的详细程度与表达范围的维数包括空间、时间与语义三个方面。因此，地理信息科学中的尺度变换包括空间尺度变换、时间尺度变换、语义尺度变换。然而描述三种尺度各自内涵的组分是不同的，因此它们的尺度变换各自有自己的特征。下面几章分别从这三个方面进行详细的叙述。

3.4 本章小结

本章主要内容如下：

（1）提出了地理信息科学中的尺度的三重概念体系，尺度的种类、尺度的维数、尺度的组分。尺度的种类是根据地理信息在运动过程中不同阶段的特征来划分的，分为现象尺度（地理尺度、本征尺度）、测度尺度、分析尺度（模拟尺度、建模尺度等）。尺度的维数是地理现象本身的特征维在地理信息中的反映，分别为时间尺度、空间尺度和语义尺度。尺度组分是对地理信息特征维进行刻画的主要构成要素，包括幅度、粒度（分辨率）、间隔、频度、比率。

（2）详细阐述了地理信息的尺度特性，主要包括：①尺度效应；②尺度依赖性；③空间形态可分性与可聚合性；④语义层次性与语义连通性；⑤尺度不变性与尺度一致性。

（3）提出地理信息科学中的尺度变换应该包括空间尺度变换、语义尺度变换和时间尺度变换，分别阐述了它们的具体含义。

第4章　地理信息空间尺度的变换机制

空间尺度变换是地理信息科学中尺度变换研究的重点，时间变换和语义层次变换与其有着极其密切的关系。根据地理信息获得时的建模和表达方式的不同，可把地理信息分为基于对象模型的和基于域模型的，这两者并不是绝对对立的。尺度变换是与地理信息的细节层次紧密联系的，细节层次的描述受到粒度、间隔、频度、比例尺的限定。这一章主要阐述基于两种模型的地理信息的空间尺度变换机制。

4.1　基于域模型和基于对象模型的地理信息

4.1.1　地理信息建模过程

地理空间信息，简称地理信息是有关地球表面上地理现象和过程的事实，是具有地理坐标定位的地理空间实体之间的关系及其相互作用的表征。地理信息的获得是通过地理信息建模，一般把地理信息模型分为两种类型，一是基于对象模型，二是基于域模型。

模型是对现实世界中的实体或现象的抽象或者简化，是对实体或现象中最重要的构成及其相互关系的表述（韦玉春、陈锁忠等，2005）。模型是把一个域（源域）的组成部分表现在另一个域（目标域）中的一种结构（陈述彭、周成虎等，2002）。源域是人们感兴趣的现象，可以是实体、关系、过程以及其他人们感兴趣的内容。源域的内容根据一定的法则经过抽象、概括（建模函数），展现在目标域中，成为目标域的要素，在目标域进行分析、处理。地理空间信息的建模过程中，源域就是地球表面的地理现象本身。

图 4-1 表示了地理信息的建模过程。建模函数 m 作用于源域 D 地理现象上，需要认知建模的地理现象中的变量（t）转换到目标域后成了地理信息 m(t)；在目标域的转换结果则通过建模函数的反变换 inv(m) 再回到 D 中进行解释说明，如果模型精确地反映了地理现象中变量 t 的转换，那么这个建模过程就是有效的，这个建模过程可表示为如下的等式：

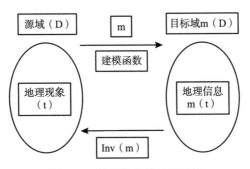

图 4 - 1　地理信息的建模过程

$$inv(m)O\ m(t)O\ m = t \qquad (4-1)$$

其中，O 表示函数的组织，式（4-1）可进一步简化为：

$$m(t)O\ m = m\ O\ t \qquad (4-2)$$

我们可以对建模质量进行评价，模型质量包括准确性（Accuracy）和精确性（Precision），准确性强调的是经过模型转换后源域和目标域的匹配；而精确性则与分辨率有关，它强调的是在目标域中量测的精细程度。

地理信息建模，根据其特征可以分为两种主要的建模方式，也就是基于对象的建模方式和基于域的建模方式。

4.1.2　基于对象模型的地理信息建模

基于对象（Object-based）的建模是把地理世界作为不连续的、可被识别的、具有地理参照的实体来处理、来建立地理信息模型的。基于对象的地理信息模型把地理信息空间分解为对象或者实体。一个实体必须符合三个条件：一是该实体可被识别；二是该对象重要（与研究的问题相关）；三是可以被描述（有特征）。可被描述是指通过该实体的属性（如公路名）、行为特征（如公路作为交通线）、结构特征来描述该实体。这样，根据基于对象的模型的建模，地理信息就表现为许多对象（城市、集镇、交通线、河流等）的集合，这些对象不仅具有空间特征、时间特征，还具有本身区别于其他对象的语义（属性）特征。这就体现为地理对象的维数，一个地理对象体现为三维。如图 4-2 所示。

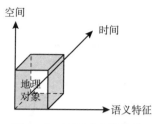

图 4-2　地理对象的维数

　　一个对象还与其他对象之间（及其本身）具有各种各样的关系，如空间关系、时间关系及语义（类别以及属性）关系，任何对象都不可能孤立地存在。基于对象的地理信息建模，通过建模函数把真实世界中的地理事物，经过抽象概括，转化为以各种几何对象如二维平面中的点、线、面表示的地理实体，如图 4-3 和表 4-1 所示。

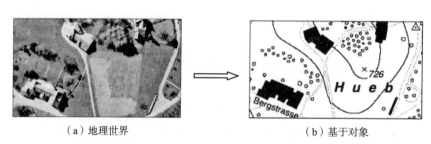

（a）地理世界　　　　　　　　　　　　　　（b）基于对象

图 4-3　基于对象的地理信息建模

　　左边真实世界中的地理信息（DCM）地理实体房屋转化为右边的多边形，树用圆点表示，道路用双线表示，左边地理世界中只要是感兴趣的地理事物在右边的二维信息空间中都有相应的对象（见表 4-1）。

表 4-1　　　　　　　　　　　　　　　　　　　对象建模

真实世界地理对象	基于对象模型的地理信息世界中的对象
房屋	Bergstrasse　房屋

续表

真实世界地理对象	基于对象模型的地理信息世界中的对象
树	树
路	路

基于对象的地理信息建模方式，在对地理实体进行建模的同时，还要对其空间关系进行准确的建模表达。地理世界是无限复杂的，在抽象概括的同时，地理实体之间的关系还有属性之间的联系，就转换为类与类之间的关系，也可以说是语义之间的关系。时间关系体现为地理事物的空间和属性发生了变化，它们之间的联系，实际上时间关系体现了同一地理实体在不同时间上的空间及属性的变换关系。

传统的普通地理图大部分都是基于对象建模的，主要包括居民地、交通线、境界线、水系等，而地形表达一般则是基于域模型建模的。

4.1.3 基于域模型的地理信息建模

基于域（Field-based）（也可称为场）模型的地理信息把地理世界作为连续的空间分布信息的集合来处理，每个这样的分布可以表示为从一个空间结构（如覆盖在理想的地球表面模型上的规则格网）到属性域的数学函数（陈述彭、周成虎等，2002）。基于域的地理信息建模方法把信息作为域的集合来对待。每一个域把相关属性的空间变化定义为从空间位置的集合（空间结构）到属性域的转换函数，这里的属性域可以是高程、温度、降雨、风速以及地表事物的其他属性，比如土壤、植被等（见图 4 - 4）。空间结构可以是规则的，也可以是不规则的（如不规则三角网）。

(x_1, y_1)	(x_1, y_2)	…	…	…	…	…	…
(x_2, y_1)	(x_2, y_2)	…	…	…	…	…	…
…	…	…	…	…	…	…	…
…	…	…	…	…	…	…	…
…	…	…	…	…	…	…	…
…	…	…	…	…	…	…	…
…	…	…	…	…	…	…	(x_n, y_n)

图 4 - 4　基于域模型的地理信息建模（规则空间格点）

图 4 - 4 是一个规则的空间格网，属性值是空间位置［位置坐标（x_n，y_n）可以是格网的中心点，也可以是格网内其他的某个点］的函数，如果用 a 来表示属性，则可以建立域模型的转换函数：

$$a = f(x_n, y_m) \tag{4-3}$$

其中，a 表示属性域，f 是转换函数，（x_n，y_m）表示规则格点（网）的坐标。

不规则格点（格网）的采样点不像规则格网的那样规则，在采样空间格局的任何地方，采样的密度相同。它也有自己的法则，可以根据具体情况，决定在不同地方的采样点密度，如图 4 - 5 所示。

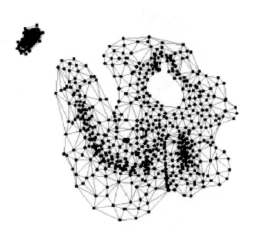

图 4 - 5　不规则格点的采样与三角网

转换函数和空间格网一起构成了基于域模型的地理信息的主要内容。实质上，一个域就是一个转换函数。用于模拟一定空间内连续分布的现象，常用栅格数据模型描述。栅格数据模型是基于连续铺盖的，它是将连续空间离散化，以规则或不规则的铺盖覆盖整个空间。基于域模型获得的地理信息的最典型的代表是遥感影像，遥感影像的每个像元，都有对应的坐标特征，而每个像元的光谱特征则是空间坐标的函数。

场模型也可以通过矢量方式表达，有 6 种常见的场模型表达方式：规则离散点（格网 GRID）、不规则离散点、等值线、不规则三角网（TIN）、栅格点、不规则多边形。其中第一种和第五种可以表示为栅格数据，如图 4-6 所示。

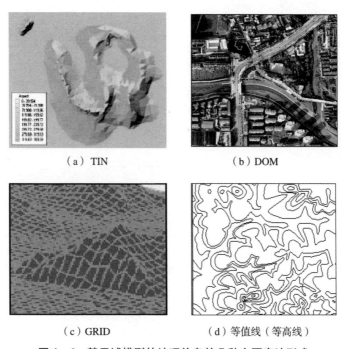

（a）TIN　　　　　　　　（b）DOM

（c）GRID　　　　　（d）等值线（等高线）

图 4-6　基于域模型的地理信息的几种主要表达形式

对象模型和域模型的不同在于一个是先选择对象，再回答"它在哪里"的问题；另一个是选择一个位置，再回答"哪里怎么样"的问题，最后都得到数据。后者实际上是借鉴于物理学的概念，如电磁场等，可以抽象为空间到数值的一个映射。而对象模型，有时也叫实体模型，其组织更像关系数据库中的一条记录。

域和对象可以在多种水平上共存，对于空间信息建模来讲这两种方法并不矛盾，根据研究地理事物的特点，选择适当的建模方式。基于域的模型和基于对象的模型各有长处，有时候需要结合两者的特点综合建模。

4.2 地理信息中的空间尺度内涵（组分）与地理细节层次

4.2.1 地理细节层次

绝大多数的地理现象都是无限复杂的，因此地理信息都是近似地表达地理现象的格局特征，因此，大多数的地理信息都包含着清楚的和隐含的地理细节层次（Goodchild, M. F. & James Proctor, 1997）。实际上从认知的角度讲，我们对于地球表面和近于表面的观察，距离越近，越能反映更多的细节（李志林，2005），这被称为自然法则，如图 4 - 7 所示。

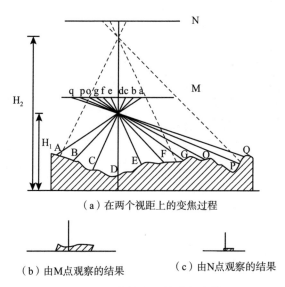

（a）在两个视距上的变焦过程

（b）由M点观察的结果　　　（c）由N点观察的结果

图 4 - 7　自然法则的地表建模

资料来源：李志林，2005。

制图学家为了获得适宜尺度的地理细节层次，通过地图综合、聚合的理论和方法，把近距离测度或者观察的地理信息的细节层次进行概括、综合，从而获得较远距离的观察结果（Buttenfield & McMaster，1991；Müller，Lagrange & Weibel，1995）。但是概括综合到什么样的程度是准确的呢？这个问题不好回答。制图学家的任务就是在具体的细节层次上表达现实世界，通过为那个层次定义的模型和规范。在比较简略的地理细节层次上，我们把一个居民地描述为一个点，实际上，从足够远的距离上观察的时候，它就是一个点，如图 4 – 8 所示。规范要求我们根据一个程序来确定这个点的位置，也许是这个居民地的几何中心，或者是居民地的主要交叉路口。持相反观点的人认为，地图综合丢失了信息，存在一定程度的不确定性，比如上面的居民地的位置，点可以在居民地所在的区域内的任意位置。在相对比较精细的地理细节层次上，我们可以把这个居民地表示为一个区域。显然，点和区域对于这个居民地描述的详细程度是不同的，点忽视了这个居民地空间形态的细节，而不同区域的表示方式也是可以有简化的及详细的之分的，程度不同。点和区域首先就表明了准确性的不同。

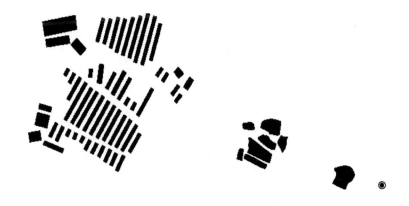

图 4 – 8　一个居民地地理细节层次变化

资料来源：改自李霖等，2005。

实际上，在语言学中有许多表达地理细节的隐喻，视觉的近似性经常用到，比如常说的"再近点看"（Buttenfield & McMaster，1991）。人们在观察地理实体时，眼睛距离实体越远，观察者感知到的地理细节层次就越少，这主要原因是减少了接受地表给定区域的信息的视网膜细胞的数量。这一比喻应用于对于地球的观察，就意味着观察者在空中飞行，或者位于空间载体中，观察者距离地球表面越近，获得的地理细节就越多，随着距离地面远去而丢失更多的地理细节，如图4-7自然法则所表明的那样。

　　传统的制图学中，地理细节层次常常通过地图比例尺来具体表示，但是在数字情况下，比例尺显示了很大的局限性。纸质地图中，地理细节层次除了受地图比例尺的限制，还在一定程度上受手工制图过程中的技术限制，另外与地图的用途紧密相关。比如用一只笔来描绘，地图本身的不稳定性使它很难模仿地图上的小于特定的几分之一毫米地理要素。更小的特征只能使用特殊的符号。在栅格影像中，地理细节是与像元的大小紧密联系的，受像元大小决定并且与光谱分辨率紧密相关。在纸质的手工地图中，地理细节层次的表达必须适中，过于密集和详细，不仅制图上有困难，而且在阅读的时候，会存在认知上的困难，而过于概略，则会浪费资源。地理细节层次对于任何的地理信息载体都是非常重要的性质，不管是纸质的地图，还是数字形式的地理数据。地理细节层次是决定一个数据集对于给定的用途是否合适的决定性要素。

　　对于基于域模型的地理信息，比如数字地面模型（DTM）中，描述地理细节层次也不同，如图4-9中的数字高程模型，高程间隔不同，对于地形状况的描述就有很大差异，左图反映的是较概略的地理细节层次，显然右图描述的地理细节层次更为精细。

图4-9　栅格数据地形细节层变化

4.2.2 幅度、粒度（分辨率）、间隔、频度、比例尺与地理细节层次

地理细节层次是地理信息尺度的主要内涵之一，在一定意义上，讨论尺度问题就离不开地理细节层次。地理细节层次是与刻画地理信息尺度特征的各个组分幅度、粒度（分辨率）、间隔、频度、比例尺等密不可分的。

我们把幅度分为相对幅度与绝对幅度。相对幅度是指地理信息载体的显示幅度大小，比如电脑的显示屏，有 14′、17′、19′、21′等，大小不同。但是，显示屏一般情况下并不全部显示地图的内容，有一部分是用来显示工具的。绝对幅度是指载体所表达的实际地理范围的大小，世界地图的范围就是全球，中国地图的范围就是全中国，还有各种绝对幅度大小不同的地图。显然，在不考虑投影变换误差的情况下，地图图幅的相对幅度与绝对幅度之间的比就是地图比例尺。通常情况下，一般来讲幅度指的是绝对幅度。幅度对于细节层次的影响实质上是与比例尺紧密联系的。一般来讲，显然相对幅度越大，而绝对幅度越小，就是比例尺越大，越能描述详细的地理细节层次。

很多学者认为粒度在空间数据库中与分辨率意思是一样的，以此暗示粒度是与数据集表达的同一地理现象的不同表达要素区别的层次相联系的（S. Stell & M. Worboys，1998）。Hornsby（1999）认为分辨率和粒度是有区别的，分辨率指表达的细节的数量方面，而粒度是与地理特征选择的认知方面相联系的。实际上，两者的意思差别不大，只是使用的习惯和环境的不同。地理细节层次与粒度（分辨率）的关系最为密切，但是含义又有不同。粒度是反映地理细节层次的一种主要参数。

尺度是地理信息表达的关键要素，尺度问题是地理信息科学核心的理论问题，这个较早就受到了一些学者的关注（李霖、李德仁，1994）。对于地理信息来讲，在其运动过程的每个环节如测度、建模、分析处理、表达等都受到尺度的控制，尺度问题对于地理信息科学如此重要，以至于 Goodchild（1997）提出要建立"尺度科学"。传统上，空间尺度的界定标准就是地图比例尺，人们通过比例尺来界定所描述地理信息的详细程度，实际上在相同的

比例尺下，对同一地理现象的细节层次也会有不同的刻画，因此单单使用比例尺往往也有一定的局限。其他要素如粒度、频度、间隔、幅度等也会影响地理信息细节层次的刻画，其中关键的要素是空间粒度，空间粒度刻画了地理信息空间细节的抽象程度，同时对语义粒度起决定性的影响，从而影响地理细节层次的总体表达。

间隔主要是指采样间隔，在对象模型中就是两个对象之间的距离，也就是两个采样点之间的距离，当然距离越近其精度应该越高，也可用于基于域模型的地理信息采样点的间隔。间隔对于域模型的地理信息的细节描述很重要，当然间隔对于对象模型的地理信息也产生着显著的影响。Goodchild 等（1997）认为对于数字化的基于域模型的地理信息，地理细节层次的描述与采样点的采样方式和规则有关。对于成矩形排列的规则采样点，采样点之间的间隔是合适的标准，适用于模拟和数字转换。矩形的和正方形的是不同的，采样点排列的间隔在两个方向上不一样，显然一个方向上描述的细节要比另一个方向上描述的细节精细些。对于不规则的间隔的采样点，地理细节层次是由点的位置决定的，在一定的程度上与决定这些点的位置的规则有关。在假设现象在地理空间上静止的情况下，一定区域的采样点的间隔越大，丢失的地理细节就越多。对于地理细节层次的保守估计可以基于最低采样点的密度，很明显，密度越大对于地理细节层次的描述就越详细。对每个点的泰森多边形进行测度，取其平方根可得一线性测度值，用最大的测度值对地理细节层次进行描述。

对于域模型的地理信息，比如数字地面模型（DTM）中，间隔是描述地理细节层次的主要的参数。三种比较常用的数字地面模型如规则格网（grid）、不规则三角网和数字等直线（如等高线），间隔就决定着地理细节层次。如图 4-15 所示，是数字高程模型，高程间隔不同，对于地形状况的描述就有很大差异。图（a）中间隔较大，对地表的描述较粗糙，反映的是较概略的地理细节层次，图（b）间隔明显比图（a）少，显然描述的地理细节层次比较细微。

频度和间隔、幅度之间的关系是幅度 = 频度 × 间隔，间隔越小，频度越高，因此频度对于地理细节层次的影响主要是间隔的影响。对于对象模型的地理信息，间隔是对象之间的距离，间隔的大小，影响表示的地理实体的大小和数量。

无论是对象模型的地理信息还是域模型的地理信息，比例尺都是一个关键的影响地理细节层次的参数，对象模型的地理信息，对象在图上显示的大小和细节特征就是由比例尺决定的，只是小于特定的阈值无法在图上按比例显示的时候才用符号来表示的，比例尺越大，相同的地物在图上就能够显示得详细些。对于域模型的地理信息来讲，间隔的选取和比例尺之间应该有一个协调，不然大比例尺，间隔也很大，这样所能表示的地理细节很概略，地理信息量也很少，以至于不能表达细节。

4.2.3 地理信息建模的尺度控制

地理空间信息，简称地理信息是有关地球表面上地理现象和过程的事实，是对具有地理坐标定位的地理空间实体及其之间的关系和相互作用的表征。模型是对现实世界中的实体或现象的抽象或者简化，是对实体或现象中最重要的构成及其相互关系的表述（韦玉春、陈锁忠等，2005），地理信息的获取是通过地理建模来完成的，模型是把一个域（源域）的地理对象表现在另一个域（目标域）中的一种结构（陈述彭、周成虎等，2002）。源域是人们感兴趣的地理对象（变量 i），可以是地理事物实体、空间关系、地理过程以及其他人们感兴趣的内容。源域的内容根据一定的法则经过抽象、概括（建模函数），展现在目标域中，成为目标域的地理信息要素（地理信息变量 f(i)，在目标域进行分析、处理。由于目标域受人们的认知需求和表达介质的制约，因此对于同一地理现象可以有不同抽象程度的表达，因此在建模的过程中要进行尺度控制。地理空间信息的建模过程中，源域就是地球表面的地理现象本身，目标域是要获取的地理信息。地理信息的建模过程如图 4-10 所示。

图 4-10 表示了地理信息的建模过程。建模函数 f 作用于源域 D 地理对象上，需要认知建模的地理现象中的变量（i）转换到目标域后成了地理信息 f(i)；目标域的转换结果则通过建模函数的反变换 f⁻(i) 再回到 D 中进行解释说明，如果模型精确地反映了地理现象中变量 i 的转换，那么这个建模过程就是有效的，这个建模过程可表示为如下等式：

$$
\begin{cases}
f^{-}(i)\,Of(i)\,Oi = i \\
s = g(j,\ k,\ h,\ l)
\end{cases}
\qquad (4-4)
$$

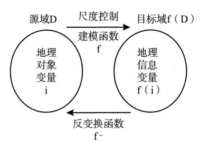

图 4-10　地理信息的建模过程

其中，O 表示组织函数，s = g(j，k，h，l) 表示尺度约束函数，j 表示比例尺，k 表示空间粒度，h 表示间隔，l 表示频度。我们可以对建模质量进行评价，模型质量包括准确性（Accuracy）和精确性（Precision），准确性强调的是经过模型转换后源域和目标域的匹配；而精确性则与尺度控制有关，它强调的是在目标域中地理信息变量的抽象程度。

4.3　空间粒度

4.3.1　地理信息空间粒度

在空间数据库中，一些学者认为粒度与分辨率意思是一样的，以此暗示粒度是与地理数据集表达的同一地理现象的不同表达要素的细节层次相联系的（Stell J.，Worboys M.，1998）。Hornsby 认为分辨率和粒度是有区别的，分辨率指表达的细节的数量方面，而粒度是与地理特征选择的认知方面相联系的（Honsby K.，Egenhofer M.，2000）。实际上，多数学者认为两者的意思差别不大，只是使用的习惯和环境的不同。粒度是反映地理细节层次的一种主要的参数，广义的地理信息粒度包括时间粒度、空间粒度和语义粒度。

时间粒度刻画了地理信息时间尺度的精细程度，语义粒度表示地理信息数据库中所能表达的语义层次中地理实体类及其属性的级别，它表达了对于地理信息语义的抽象程度。地理信息空间粒度表达地理信息在空间尺度上的详细程度，它与地理细节层次的关系最为密切，但是含义又有不同。

　　地理信息的空间粒度主要分为五种，空间大小粒度、空间特征粒度、空间拓扑关系粒度、空间距离关系粒度、空间方向关系粒度（在第4小节将有详细阐述）。空间粒度的描述既可以进行定性的描述，也可以进行定量的描述。空间粒度和语义粒度、时间粒度一起定义了地理信息所描述地理现象的整体的详细与抽象程度。一般而言空间粒度是受比例尺控制和制约的，但是由于受表达介质、认知需求等的影响，实际上比例尺相同情况下，空间粒度也可以不同。语义粒度受空间尺度制约，但不等同于空间粒度，有时候空间粒度相同的情况下语义粒度不同。人们往往把空间粒度与语义粒度表示成如图4-11所示，（a）（b）（c）三个图的空间粒度完全相同，但是在语义方面却体现出不同的抽象程度，表现出不同抽象程度的三个层次。图（a）中地块Ⅰ、地块Ⅱ、地块Ⅲ、地块Ⅴ种植粮食作物，地块Ⅳ、地块Ⅶ、地块Ⅷ、地块Ⅸ种植经济作物；在图（b）中粮食作物的语义具体化为地块Ⅰ、地块Ⅲ种植豆类作物，地块Ⅱ、地块Ⅳ种植谷类作物，地块Ⅴ、地块Ⅵ种植纤维作物，地块Ⅶ、地块Ⅷ种植油料作物；在图（c）中，更进一步具体化为地块Ⅰ、地块Ⅱ、地块Ⅲ、地块Ⅴ、地块Ⅳ、地块Ⅵ、地块Ⅶ、地块Ⅷ分别种植大豆、玉米、绿豆、高粱、亚麻、苎麻、芝麻和花生。

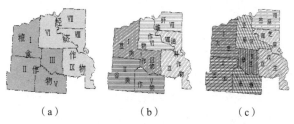

（a）　　　　　　　（b）　　　　　　　（c）

图4-11　空间粒度相同而语义粒度不同

4.3.2　地理信息空间粒度与地理细节层次刻画

　　地理细节层次是地理信息尺度的主要内涵之一，讨论尺度问题就离不开地理细节层次。地理细节层次是决定一个数据集对于给定的用途是否合适的决定性要素。地理细节层次的刻画与地理信息尺度特征的各个要素如粒度、幅度、间隔、频度、比例尺等密不可分（刘凯、毋河海等，2008），其中最主要的刻画地理细节层次的要素是空间粒度。其他几个要素对于地理细节层次描述的影响往往也是通过对于空间粒度的影响来实现的。地理细节层次常常受到地图比例尺的限制，但是也会出现在比例尺相同的情况下，地图对于地理细节层次的刻画不同。我们把幅度分为相对幅度与绝对幅度。相对幅度是指地理信息载体的显示幅度大小，比如电脑的显示屏，有 14′、17′、19′、21′ 等，大小不同。绝对幅度是指载体所表达的实际地理范围的大小，世界地图的范围就是全球，中国地图的范围就是全中国。显然，在不考虑投影变换误差的情况下，地图图幅的相对幅度与绝对幅度之间的比就是地图比例尺。一般来讲，相对幅度越大，而绝对幅度越小，就是比例尺越大，这样空间粒度才可能越精细，也越能描述详细的地理细节层次。间隔主要是指采样间隔，在对象模型中就是两个对象之间的距离，显然对象之间的距离越近，其表达对象的空间粒度越小，其精度应该越高。

空间粒度对于域模型来讲，就是划分的像元的大小，这往往受采样间隔的影响。对于域模型来讲间隔就是采样点之间的距离，显然间隔越小，空间粒度越精细，所能描述的地理细节层次越细微，表达越准确。Goodchild 等（Michael F. G. et al.，1997）认为对于数字化的基于域模型的地理信息，地理细节层次的描述与采样点的采样方式和规则有关，对于成矩形排列的规则采样点，采样点之间的间隔需要合适的标准，以适用于模拟和数字转换。矩形的和正方形的是不同的，采样点排列的间隔在两个方向上不一样，显然间隔相对较小的一个方向上描述的要比另一个方向上描述的细节要精细些。对于不规则的间隔的采样点，地理细节层次是由点的位置和多少决定的，在一定的程度上与决定这些点的位置的规则有关。在假设现象在地理空间上静止的情况下，一定区域的采样点的间隔越大，空间粒度就越大，丢失的地理细节就越多。频度和间隔、幅度之间的关系为：幅度 = 频度 × 间隔，间隔越小，频度越高，因此频度对于地理细节层次的影响主要是间隔的影响。

4.3.3 空间粒度的分类与内涵

在空间维上,我们把地理信息的空间粒度分为空间形态粒度和空间关系粒度,空间形态粒度包括空间大小粒度、空间特征粒度,它们表达地理数据集对于地理对象本身空间形态特征刻画的详细程度;空间关系粒度主要包括拓扑关系粒度、方位关系粒度、空间距离关系粒度,它们表达对于地理对象间空间关系可辨识的详细程度。

1. 空间大小粒度

空间大小粒度是指地理信息数据集中所能刻画的地理对象最小空间形态的面积和长度的大小。空间大小粒度对于面状目标来讲就是面积,对于线状目标来讲就是长度,主要是选取的标准是面积和长度,小于某个标准就不再选取。如图 4–12 中图(a)、图(b)、图(c)、图(d)所示,空间大小粒度的不同显然决定了地理细节层次描述的精细程度,粒度越小描述的地理细节层次越精细。

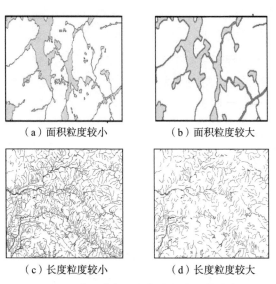

(a)面积粒度较小   (b)面积粒度较大

(c)长度粒度较小   (d)长度粒度较大

图 4–12 地理对象面状与线状空间粒度变化

2. 空间特征粒度

空间特征粒度反映的是地理数据集所描述的地理实体的空间形态特征的大小或者说是精细程度。空间形态特征主要描述空间细节如河流的弯曲、多边形凸起等，如图 4-13 所示。从左到右空间特征粒度逐渐增大，小弯曲逐渐略去，弯曲变大，所表达的地理空间细节越来越少。

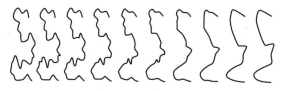

图 4-13　空间特征粒度

3. 空间拓扑关系粒度

空间拓扑关系粒度反映的是地理对象间空间拓扑关系描述的详细程度。空间拓扑关系粒度与地理实体、地理对象的空间形态有着密切的关系，显然面与面的关系要比点与点的空间关系复杂。实际上在地图比例尺缩小的过程中，随着空间形态的简化，由面到线、由面到点的过程中，空间关系也在简化。如图 4-14（a）是根据 9 元组模型建立的 19 种线与面的拓扑关系，图 4-14（b）中的十九种线与面的关系被概括为四种，穿越、在内、在外、在边界。空间拓扑关系粒度受空间大小粒度严格控制，在图 4-14（c）中，随

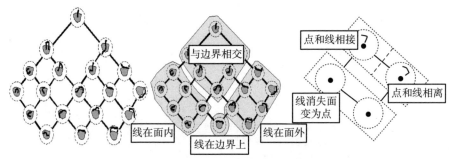

（a）线和面的19种原型拓扑关系种线　　（b）面关系划分为四种　　（c）点和线的三种空间关系

图 4-14　线面拓扑关系的抽象划分（改自艾廷华，2005）

着空间粒度增大，当空间对象由面状目标变换为点状目标时，原来的线面关系就转换为三种线点关系，这样对于地理对象之间空间拓扑关系的描述语义模糊性大大增加。

4. 空间方向关系粒度

空间方向关系的描述也有详细与粗略之分。锥形模型是描述空间方位关系的代表性的定性模型（Peuquet D.，Zhan C. X.，1987），根据锥形模型有 4 方向模型、8 方向模型，也可以把其划分为 16 个方向。显然把空间划分为 4 个基本的方位关系、8 个方位的基本关系与把空间划分为 16 个基本的方位对于空间方位关系粒度的描述是不同的（见图 4 – 15）。图 4 – 15 中从左至右对空间方位关系的划分粒度显然是不同的，右边的粒度显然更为精细。这样在地理信息系统中进行空间分析时，显然空间关系划分粒度小的更为精确，但是在描述和操作时也更为复杂。

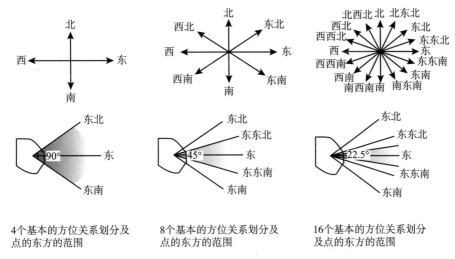

图 4 – 15　空间方位关系粒度（基于锥形模型）

5. 空间距离关系粒度

对于空间距离关系的描述，从定性的角度来讲，我们可以分为距离、近距离以及远距离三个等级，这样的划分是比较模糊的，粒度显得粗糙。当然，可以再详细一些，在划分为0距离、很近距离、较近距离、较远距离以及很远距离。这样可以把距离从定性的方面分为五个类别，模糊性得到了减少。从定量的方面描述的时候，是对某个地理事物以其为中心进行缓冲区的划分，可以定量地分为各种等级，比如4个等级，显然在距参照点相等的范围内，定量距离关系的划分级别越多越精确（见图4-16）。

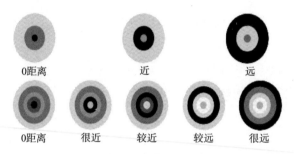

0距离　　　　　　近　　　　　　远

0距离　　很近　　较近　　较远　　很远

图4-16　空间距离关系定性描述粒度

4.3.4　空间粒度对于语义粒度的影响

空间粒度对于语义粒度具有决定性的影响，空间粒度越小，分辨率越大，语义分辨率可以更高，语义分辨率受空间粒度的制约。下面以栅格数据和矢量数据为例，说明空间粒度对于语义粒度的影响，如图4-17和图4-18所示，图4-17中左图的栅格单元为10米×10米，右图栅格单元为30米×30米，概括起来主要包括以下几个方面：①空间粒度越小，可以选择的语义分辨率越高，能够表达的语义分辨率也越高，如图4-17左图中左上角的黄色方框内9个格栅单元可以表达多达9种的语义粒度，而在右图中相应位置处，由于空间粒度变大，只能表达一种语义粒度，空间粒度变大使得原来在空间上9个格栅单元，被表达为一个格栅单元后，因而相应位置能够表达的语义差异（语义分辨率）被统一为一种语义属性的表述。②空间粒度变大，语义误差增大，例如图4-17左图中的实际情况是表达了两种语义属性g_1与g_5，但是在右图中g_1、g_5被统一表达为g_5，而图中其他的语义属性如g_2、g_3、g_4、b_1、b_2、r_2也被相应较大空间粒度的栅格单元内统一表达为一种语义属性，从而使语义表达出现误差，而且空间粒度越大语义误差越大。③空间粒度影响语义粒度表达的抽象层次，如图 4 – 18 所示，空间粒度为县级单元时，语义抽象层次表达县级地理对象，而空间粒度为省市级单元时，语义抽象层次为市级对象。

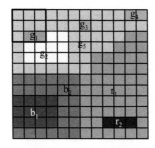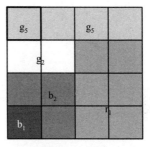

图 4 – 17 空间粒度对语义粒度的影响（域模型）

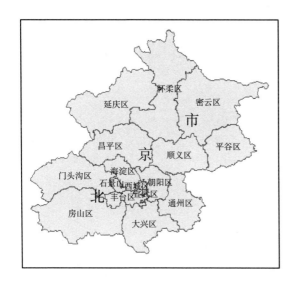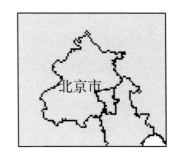

图 4 – 18 空间粒度对语义粒度的影响（对象模型）

地理信息多尺度表达问题一直是地理信息科学中研究的前沿问题。地理信息多尺度表达中的细节层次除了受比例尺严格控制和约束外，还受空间粒度、间隔、频度等影响，其中空间粒度起着决定性的作用，其他要素也是通过影响空间粒度来影响地理细节层次表达。本节讨论了地理细节层次刻画与比例尺、粒度、频度、间隔等的关系，探究了这些要素对于描述地理信息细节层次的影响，并详细探讨了空间粒度，把空间粒度分为空间大小粒度、空间特征粒度、空间方向粒度、空间关系粒度、空间距离粒度等五个方面，详细探讨了其内涵以及空间粒度对于语义粒度的影响，地理信息空间粒度是地理信息建模的尺度关键要素，空间大小粒度影响了地理信息语义粒度的刻画，从而影响地理信息抽象程度的描述。

4.4　空间尺度变换

对地理信息空间维的尺度进行描述的组分包括幅度、分辨率（粒度）、间隔（频度）、比例尺等。正如前面所讲的，广义上来讲，尺度组分构成的每一个要素发生变化，就是描述地理信息的尺度发生了变化（见图 4-19）。一般而言，幅度的变化只是显示范围的变化，抽象程度没有发生变化。而狭义上来讲，地理信息的尺度变换通常是指抽象程度发生了变化。一般而言地理信息的空间尺度变换包括尺度上推和尺度下推。空间尺度上推是指由空间分辨率精细、具有较多的地理细节层次地理信息得到空间分辨率粗糙的地理信息，其实质是分辨率变低、增加广度，使空间信息粗略概括、综合程度提高，对空间目标的表达趋于概括、宏观，反映地理现象的整体抽象的轮廓、格局与趋势，空间异质性降低，其基本方法是综合概括。空间尺度下推是由空间分辨率粗糙的地理信息得到精细的地理信息，其实质是分辨率变高，使空间信息具体化，对空间目标的表达趋于精细、微观，空间异质性增加，空间模式多样化，是一种信息的分解，反映地理现象的具体详细内容，其实质是空间分解与插值。一般来讲，如果其他组分要素没有发生变化，只是空间幅度发生了变化，这是很简单的事情，只要是地图的拼接就可以完成，在数字环境下，在屏幕上显示的地理信息的幅度，可以通过比例尺简单缩放、漫游，以及采用较大的显示屏幕来解决，这里不再讨论。一般来讲，比例尺的变化会引起地理细节层次的变化，除了简单的缩放。粒度（分辨率）、间隔（频度）决定了地理细节层次，所以粒度、间隔、比例尺的变化都会引起地理信息表达的细节层次的变化。实际上，间隔决定着粒度。

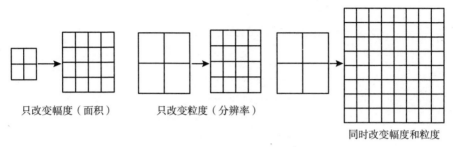

只改变幅度（面积）　　　只改变粒度（分辨率）

同时改变幅度和粒度

图 4 – 19　组分变化引起尺度变化

资料来源：邬建国，2000。

图 4 – 20 显示了地理信息空间尺度变换的两个方向。所谓尺度上推就是通过精微尺度上的地理信息来获得较粗糙尺度上的地理信息，这时粒度变大、间隔变大，对于地图信息来讲就是制图综合。而在地理信息科学中，对于专题的地理信息，尺度上推就是将精微尺度（精细的粒度）上的观察、试验以及模拟结果外推到较大尺度（粗糙的粒度）的过程，是研究成果的粗粒化（李双成、蔡运龙，2005）。尺度下推就是通过粗糙尺度上的地理信息来获得精细尺度上的地理信息的过程，就是粒度的细化，可以描述更为详细的地理事物的空间分布，或说显现更多的地理细节层次，比如在空间上对于地理现象的刻画更为详细。对于专题的地理信息来讲，就是将宏大尺度上的观测、模拟的地理信息推绎至精微尺度上的过程。尺度上推使空间信息的表达更为概括反映主要的空间结构特征及大致的轮廓，空间同质性增强，异质性减弱。尺度下推正好相反，表现更为详细的地理信息空间分布状况，增加更多的地理信息的空间细节，除了主要的空间结构特征外，还能反映较为次要的空间结构特征，空间异质性增强，同质性减弱。

由于地理信息的建模和表达方式有两种，基于域模型的地理信息和基于对象模型的地理信息，它们的空间变换机制是不同的。我们分两种情况来讨论这个问题。

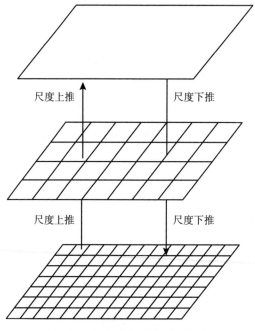

图4-20　地理信息的空间尺度变换

资料来源：李双成、蔡运龙，2005。

4.4.1　基于对象模型的地理信息的空间尺度变换机制

根据前面的欧式二维几何体和地理二维几何体的变换特征，一般来讲，基于对象模型的地理信息的尺度变换主要是尺度上推，而且尺度上推的实质就是制图综合，制图综合所主要关注的是具体的操作策略、方法及算子。我们主要是从信息变换的角度来讨论这一问题，主要侧重于信息变换的规律。而尺度下推由于地理二维几何体的变换的不可逆性，这种情况极少出现，在某些情况下是图形的分解。因此这里我们主要讨论尺度上推的情况。

基于对象模型的地理信息最典型的代表是基础地图，普通地理图中的水系、居民地、交通线、境界线等都是基于对象模型建立的，而地形一般是通过域模型建立的。地图综合就是典型的尺度变换方法，只是一般是由大比例尺详细的地理信息经过概括综合得到简化、概略的地理信息。实际上对于地图学来讲，制图综合一直是地图学的理论核心，是地图学家长期研究的焦点。

地理信息科学的尺度变换问题与地理学中尺度变换是有区别和联系的，地理学中尺度变换的含义是把一定尺度的结论应用到另外的尺度中，它应该是其中的一种。而在地理信息科学中尺度变换只是不同尺度之间信息的变换。

基于对象的数据模型把地理数据集视为分布于空域的地理空间中离散的对象（Goodchild，et al.，1997）。基于对象的地理信息表征把地球表面的真实地理世界视为由不同的地理对象构成的集合，地理对象具有时间特征、空间特征及其本身区别于其他对象的属性特征（语义特征），一个地理对象与其他对象之间也存在时间、空间、属性上的联系。真实地理世界的地理实体与地理信息世界的地理实体之间并非一一对应的关系，人们只对感兴趣的地理现象进行建模。地理信息世界中地理对象的空间形态分为以下几种：点、线、面、体，在二维平面中只有前三种，我们把每一个地理信息世界中地理实体对应的空间形态视为一个空间对象，称之为地理信息的空间对象。地理信息的空间对象中，点无大小之分，线有单线、双线以及粗细之分，面、体有各种形状（见表 4 - 2）。基于对象的地理信息比较适合矢量格式数字表示，也可以用栅格形式进行数字表示。

表 4 - 2 空间对象的几何类型

空间对象类型	几何形态	数字表达（矢量）	数字表达（栅格）
点	■ ▲ ●	二维（x，y）坐标对，三维为（x，y，z）	一个栅格单元
线		离散化实数点（x₁，y₁）（x₂，y₂）…（xₙ，yₙ）	线性特征相连的一组单元
面		线闭合构成多边形	二维形状特征相连的一组单元
体		面包围的完全封闭的空间	三维特征构成的一组单元

4.4.2　基于对象的地理信息的空间形态尺度变换机制

基于对象的地理信息的空间形态尺度变换机制主要指尺度上推，包括三个方面，地理对象空间形态的变化、尺度控制下的制图综合、空间形态的聚合与分解。由于前面所讲的地理二维空间目标变换的不可逆性，这种情况很少发生。只是在某些情况下的空间目标的分解。实质上，在尺度的下推中基于对象的模型的地理信息尺度变换就是线状、面状目标的分解。

1. 空间形态尺度变换图谱

地理对象的空间形态在二维空间中有点、线、面，它们所表示的地理实体的空间意义的表达如表4-3所示。

表4-3　　　　　　　　　　　　　不同空间形态的意义

空间几何形态	空间意义
点	位置、等级
线	方向、长度、位置、形状
面	面积、形状、位置

基于对象模型的地理信息空间形态的尺度变换，尺度上推实现机制本质上就是制图综合。不过在这里我们从另一个视角来关注地理信息空间特征的尺度变换机制，这就是信息变换机制。而尺度下推一般比较少，在地图处理中比较少见。在专题数据处理中比较常见，其实质是空间对象的分解。

随着空间尺度上推，在由大比例尺变换到小比例尺的过程中，地理信息的空间形态会发生有规律的变化，表达的地理信息更概括，形成尺度图谱如表4-4所示。这里先做假定，时间作为一个固定的属性，地理信息是静态的，语义特征结合考虑。根据点、线、面的自身特点及其变化趋势，可以将其分为几种情况：①面状对象的空间尺度变换，面的变化主要是面积的变小、构成面的边的简化概括，细节减少，最终由其本身所代表的事物的特征决定在超过能表达的阈值时，表示为线或者为点，甚至是最终没有选择，在这一变化过程中，表示形状的准确率逐渐下降，面积误差增大一般情况下，河流、交通线最终表示为线状几何形状，而居民地则表示为点状目标。在由面到线的过程中，面的一些数量特征，比如说面状河流的宽度就丢失了，在面到点的过程中，面积、形状特征就丢失了。②线状对象的空间尺度变换，弯曲变少，描述的空间细节减少，有时候必要夸大部分细节。例如河流的长度、位置、形状都发生变化，河流长度的测量值变得误差更大，精确度降低，线的形状（单线或者是双线）影响不大。③点到点的变换，点状符号的大小发生了变化，在图上的级别和重要性发生了变化，其他没有发生变化。对象空间形态的变化，主要是空间维数的降低，由面到点、由面到线的过程中，地理对象的空间维数逐渐减少。维数的降低有两种情况，一是整数维的减少，主要是面状对象的维数由二维变为一维的线或者变为零维的点，到最后空间形态完全不存在不能被表达，在制图综合上就是舍去；二是空间形态分数维数的减少，这主要是把面状目标视为由线围成的区域，这样线状目标和面状目标都统一为线，而曲线的形状特征和复杂程度不同，相应的分维值亦不同，曲线越复杂分维值越大（王桥、毋河海，1998），从而随着面状目标的简化，围成面的线复杂度减少，从而分数维减少。

表 4－4 空间对象形状尺度变换图谱

变化机制	图形实例	整数维的变化	分数维的变化
面到线		由二维变为一维	面的分维数减少（2～1范围内）线的分维数减少

续表

变化机制	图形实例	整数维的变化	分数维的变化
面到点		由二维变为零维	面的分数维减少（在 2~1 的范围内）
线的变化		整数维没有本质变化	分数维减少

2. 尺度控制下的制图综合

尺度控制下的制图综合主要是在尺度变换的过程中对空间对象及其组合的处理原则，主要表现为对于地理的图形处理和取舍的原则。主要包括以下几个方面，如表 4 - 5 所示。

表 4-5 尺度控制下的制图综合

空间变换原则描述	图形示例	备注
简化复杂度		这是空间对象形态变换的基本原则，适合于面状和线状目标
提取重要地物		在地理空间目标的组合中尺度变换时处理的原则，凸显重要的地物
删除次要地物		同上，把不重要的地理信息抛弃，选取重要的地理信息
增强结构化		要反映出空间对象及其组合的结构特征
保持空间特征		包括两个方面，一是个体对象的空间特征；二是空间对象的组合特征
融合相似性		实际上是保持空间结构情况下的相同地物的合并
凸显重要地物		舍弃细节性的地物，夸大重要地物
增强奇特地物		重要地物的夸大
保持关联性		空间关系一致性的保持

资料来源：艾廷华，2005。

3. 空间对象的聚合与分解

地理空间对象的尺度上推的过程中，比例尺变小，线状、面状对象之间可能进行聚合，由几个面状对象聚合生成一个面状对象，就是面的聚合操作。如图 4-21 所示。

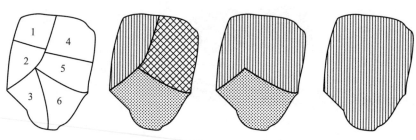

图 4-21　面状目标的聚合

空间目标的聚合是根据语义近似性，可以有不同的聚合方法，这个地方主要是根据语义的聚类。几个空间目标（O_1，O_2，$\cdots$，O_n）之间的语义相似性，根据不同的属性特征指标可以有不同的情况，这样也对应着不同聚合方案，可以有不同的聚合效果。

空间尺度的下推，对于基于对象模型的地理信息来讲，就意味着对象的放大与分解。这主要是线状目标、面状目标的分解与放大。但是根据地理空间目标的不可放大性，地理对象的空间形态放大之后，与现实世界地理对象的空间形态相差很大。因此，在一般情况下，这种情况较少。但是，面状、线状目标的分解，却是可以的，交通线的分类、土地利用的分等定级如图 4-22

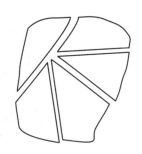

图 4-22　空间目标的分解

所示。面状、线状空间目标的分解，主要是根据地理对象语义差异性与属性特征，不同的属性特征在语义相似性上是不一样的。因此，空间目标的分割可以有不同的方案，图 4 - 22 是把一个完整的空间目标分割为几个。

4. 线状目标尺度变换过程中形状相似性计算

在地理信息系统数据库中，线目标是主要的对象，而且面目标是由线目标构成的，因此面目标的形态渐变也可以归结为线目标的变化。在地理信息尺度变化的过程中，几何形态的变化主要变现为线目标和面目标的几何形态的变化。由于人们不能观察世界的所有细节，而且表达介质的容量也是有限的，因此只能是在一定尺度或一定详细程度条件下反映地理世界的。也就是说，在一定的比例尺下，能表达的地理细节层次是有限的。而且，当比例尺变小时，地理细节层次减少，这往往通过制图综合来实现。对于线目标来讲，往往意味着曲线变得更为概括，减少了很多描述细节的节点。在由一种比例尺综合为另一种比例尺的目标时，Douglas-peuke 算法是常用的算法。综合后的新的线状目标应该与原来的目标保持较大的相似性。这里的空间目标的相似性不是初等几何上的三角形与多边形的相似性，它只是一种形状上的近似，或者说是轮廓上的形状的近似。当线目标从一个尺度变换为另一个较小比例尺的目标时，它的长度和形状均发生了变化。因此，两个线目标的两个相似性的刻画可以转换为长度相似与形状相似的综合来刻画。不同尺度上线目标的相似可以表现为形状的相似，还有长度的近似。

定义 1：如图 4 - 23 所示，线目标 ABCDEFGH 与线目标 ABCEFH 的长度的相似性度量为，

$$\beta = \frac{|AB| + |BC| + |CE| + |EF| + |FH|}{|AB| + |BC| + |CD| + |DE| + |EF| + |FG| + |GH|} \qquad (4-5)$$

（a）比例尺为 S_1　　　　（b）比例尺为 S_2

图 4 - 23　Douglas-peuke 算法的曲线综合

其中，$|AB|$、$|BC|$、$|CD|$、$|DE|$、$|EF|$、$|FG|$、$|GH|$ 为比例尺为 S_1 时图上的曲线组成线段代表实际距离的长度，$|AB|$、$|BC|$、$|CE|$、$|EF|$、$|FH|$ 为比例尺变为 S_2 时图上的曲线组成线段代表实际距离的长度。

定义 2：如图 4 - 23 所示，曲线形态的相似性度量为

$$
\begin{aligned}
\alpha = &\frac{AB}{|AB| + |BC| + |CE| + |EF| + |FH|} \\
&+ \frac{BC}{|AB| + |BC| + |CE| + |EF| + |FH|} \\
&+ \frac{CE}{|AB| + |BC| + |CE| + |EF| + |FH|} \times \frac{\angle CDE}{180°} \\
&+ \frac{EF}{|AB| + |BC| + |CE| + |EF| + |FH|} \\
&+ \frac{FH}{|AB| + |BC| + |CE| + |EF| + |FH|} \times \frac{\angle FDH}{180°}
\end{aligned}
\tag{4-6}
$$

其中，$\angle CDE$ 为综合前原曲线上线段 CD、DE 的夹角，$\angle FGH$ 为综合前线段 FG、GH 的夹角。

定义 3：两条曲线相似度定义为 Ω，为长度相似性与形状相似性之积，即：

$$
\Omega = \alpha \times \beta
\tag{4-7}
$$

定义 4：曲线渐进综合过程中，当曲线 l_1 由一种比例尺 S_1 综合为另一种比例尺 S_2 的曲线 l_2 时，相似度为 SEM_1，而曲线 l_2 又经综合变换为比例尺为 S_3 的曲线 l_3 时，l_2 与 l_3 的相似度为 SEM_2，则定义曲线 l_1 与曲线 l_3 得相似度定义为曲线 l_1 与曲线 l_2 相似度 SEM_1 与曲线 l_2 和曲线 l_3 的相似度 SEM_2 的乘积，即：

$$
SEM(l_1, l_3) = SEM(l_1, l_2) \times SEM(l_2, l_3)
\tag{4-8}
$$

如图 4 - 24 所示，计算曲线 $A_1 P_{11} P_{12} P_{1n} B_1$ 与曲线 $A_3 K_{31} K_{32} K_{3n} B_3$ 的相似度，先计算曲线 $A_2 Q_{21} Q_{22} Q_{2n} B_2$ 与曲线 $A_3 K_{31} K_{32} K_{3n} B_{31}$ 的相似度，再计算曲线 $A_1 P_{11} P_{12} P_{1n} B_1$ 与曲线 $A_2 Q_{21} Q_{22} Q_{2n} B_2$ 的相似度，再求积即可。

计算图 4 - 24 中图（a）与图（b）的曲线的相似性。

长度相似性的计算，

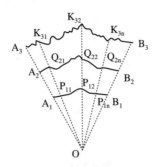

图 4 - 24　三条曲线相似性的计算

$$\beta = \frac{|AB| + |BC| + |CE| + |EF| + |FH|}{|AB| + |BC| + |CD| + |DE| + |EF| + |FG| + |GH|}$$

$$= \frac{29 + 19 + 27 + 43 + 56}{29 + 19 + 15 + 17 + 43 + 32 + 32}$$

$$= \frac{174}{187}$$

$$= 0.9305$$

形态相似性的计算，

$$\alpha = \frac{AB}{|AB| + |BC| + |CE| + |EF| + |FH|}$$

$$+ \frac{BC}{|AB| + |BC| + |CE| + |EF| + |FH|}$$

$$+ \frac{CE}{|AB| + |BC| + |CE| + |EF| + |FH|} \times \frac{\angle CDE}{180°}$$

$$+ \frac{EF}{|AB| + |BC| + |CE| + |EF| + |FH|}$$

$$+ \frac{FH}{|AB| + |BC| + |CE| + |EF| + |FH|} \times \frac{\angle FDH}{180°}$$

$$= \frac{29}{174} + \frac{19}{174} + \frac{27}{174} \times 0.6385 + \frac{43}{174} + \frac{56}{174} \times 0.6783$$

$$= 0.1667 + 0.1099 + 0.0991 + 0.2471 + 0.2183$$

$$= 0.8411$$

两个线状目标的相似性为

$$\begin{aligned} \Omega &= \alpha \times \beta \\ &= 0.9305 \times 0.8411 \\ &= 0.7826 \end{aligned}$$

4.4.3 基于对象的地理信息的空间关系尺度变换机制

1. 地理对象空间拓扑关系的形式化描述模型

拓扑关系就是那些在旋转和伸缩等拓扑变换下保持不变的一种关系，例如两个空间目标 A 和目标 B 如果相离，则同时对它们旋转、伸缩或者拉长等拓扑操作，它们之间仍然保持相离的关系不变，而方向关系和距离关系则可能发生变化。作为一种基本的空间关系，它是地理信息空间特征的重要的一个方面。对于空间拓扑关系的描述主要有两种途径，一是基于集合理论的数学形式的拓扑，另一种是基于逻辑推理的公式化的方法（Cohn & Hazarik，2001）。Guting（1988）基于集合运算的拓扑关系形式化描述是根据点集的定义，运用集合符号，给出相等、不相等、包含、相离、相交等拓扑关系的定义。后来，Pullar（1988）和 Wagner（1988）又将这种方法进行了补充。拓扑关系的描述模型主要有 4 - 交集模型（Egenhofer & Franzosa，1991；Franzosa & Egenhofer，1992）、9 - 交集模型（孙玉国，1993；Egenhofer，1994）、基于 RCC 的拓扑关系表达（Randell et al.，1992）、二维字符串（2D - String）模型（Chang et al.，1987）等。由于许多空间目标的边界是不确定的，人们还提出了描述不确定区域之间的拓扑关系的模糊空间拓扑关系模型，主要有卵—黄模型（Cohn Y.，Gotts，1994，1996）、宽边界区域 9 - 交集模型（Clementini & Felice，1997）等。

空间拓扑关系的形式化模型中，影响深远的是主要有 4 - 交集模型（Egenhofer & Franzosa，1991；Franzosa & Egenhofer，1992）和 9 - 交集模型（孙玉国，1993；Egenhofer，1994）。

4 - 交集模型将简单空间实体看作是由点构成的集合，因此任何空间目标都可以分割为边界与内部两个部分。这样，对于空间目标 A 和目标 B，∂A 和 $A°$ 分别表示 A 的边界和内部，∂B 和 $B°$ 分别表示 B 的边界和内部。将这两个目标之间的拓扑不变量 $A° \cap B°$、$A° \cap \partial B$、$\partial A \cap B°$、$\partial A \cap \partial B$ 组成一个 2×2 矩阵：

$$R(A, B) = \begin{bmatrix} \partial A \cap \partial B & \partial A \cap B° \\ A° \cap \partial B & A° \cap B° \end{bmatrix} \tag{4-9}$$

称之为 4 – 交集矩阵。通过考察这个矩阵中每个元素的相交情况（若交集为非空，则记为 $\neg\emptyset$ 或 1；若交集为空，则记为 $\emptyset$ 或 0），可以确定不同的拓扑关系。由于 4 – 交集矩阵中的 4 个元素都可能有两种取值（$\neg\emptyset$ 或 $\emptyset$），因此可以得到两个空间目标之间的 16 种可能的拓扑关系。根据现实世界中的具体情况，排除一些不存在的组合之后，可以得到 8 种面—面拓扑关系、13 种线—面拓扑关系、16 种线—线拓扑关系、3 种点—面拓扑关系、3 种点—线拓扑关系，以及 2 种点—点拓扑关系（Egenhofer，1991）。4 – 交集模型是一种形式化的描述模型，简洁、完备，不足之处是对于一些空间目标之间拓扑关系的表达不具有唯一性（曹菡，2002）。因此，人们又提出了描述拓扑关系的 9 – 交集模型。

9 – 交集模型是由在 4 – 交集模型的基础上发展起来的，它在考虑两个空间目标 A、目标 B 的内部与边界之外的基础上，又添加了这两个空间目标的外部。这样，空间目标 A 的内部（$A°$）、边界（∂A）和外部（A^-）与目标 B 的内部（$B°$）、边界（∂B）和外部（B^-）分别取交集，得到了这两个空间目标之间的 9 个拓扑不变量，组成一个 3×3 矩阵：

$$R(A, B) = \begin{bmatrix} A° \cap B° & A° \cap \partial B & A° \cap B^- \\ \partial A \cap B° & \partial A \cap \partial B & \partial A \cap B^- \\ A^- \cap B° & A^- \cap \partial B & A^- \cap B^- \end{bmatrix} \tag{4-10}$$

称之为 9 – 交集矩阵。通过考察该矩阵中每个元素的相交情况，可以确定相应的拓扑关系，可能得到 $2^9 = 512$ 种不同的拓扑关系。根据实际情况，排除无意义的组合后，可以得到 8 种面—面拓扑关系（见表 4 – 6）、19 种线—面拓扑关系（见表 4 – 7）、33 种线—线拓扑关系（见表 4 – 8）、3 种点—面拓扑关系（见表 4 – 9）、3 种点—线拓扑关系（见表 4 – 10），以及 2 种点—点拓扑关系（见表 4 – 11）（Egenhofer & Herring，1991）。

表 4 – 6　　　　　　　　　　　面与面之间的 8 种拓扑关系

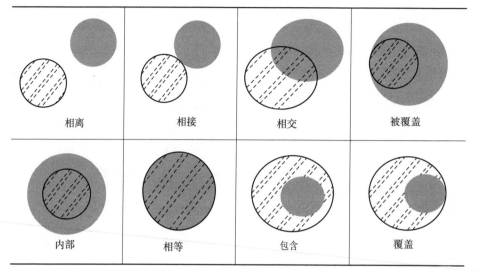

资料来源：Egenhofer & Herring, 1991。

表 4 – 7　　　　　　　　　简单线与面之间的 19 种拓扑关系

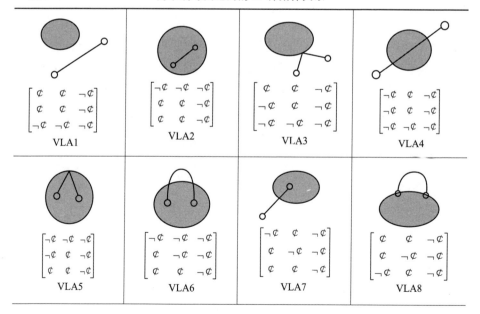

续表

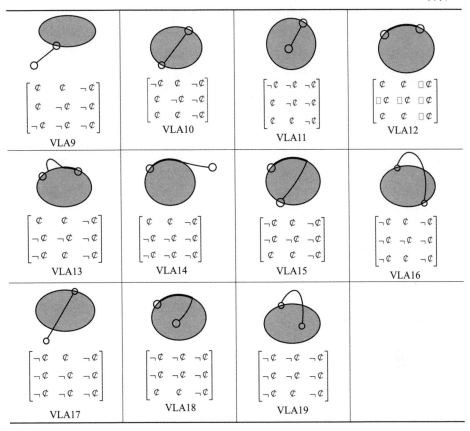

VLA9   VLA10   VLA11   VLA12

VLA13   VLA14   VLA15   VLA16

VLA17   VLA18   VLA19

资料来源：同上。

表 4 − 8   简单线与线之间的 33 种拓扑关系

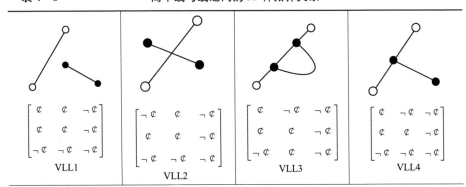

VLL1   VLL2   VLL3   VLL4

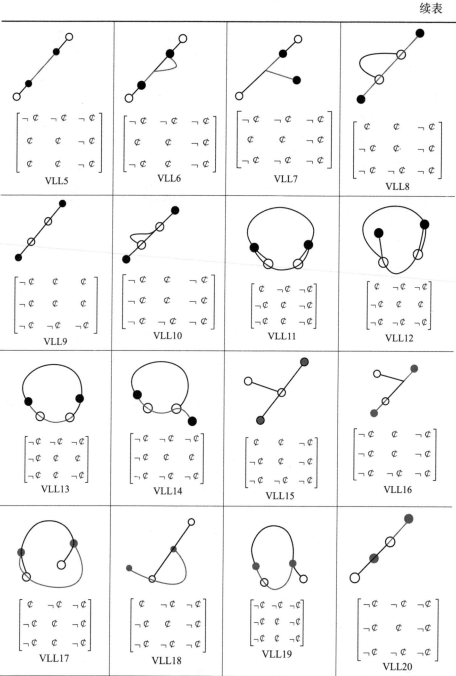

续表

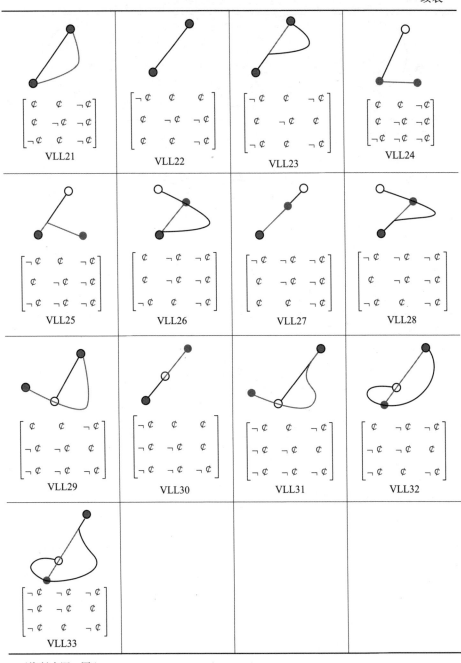

资料来源：同上。

表4-9　　　　　　　　　　　点与面之间的三种拓扑关系

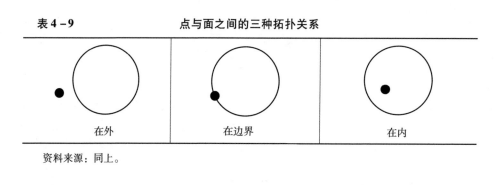

| 在外 | 在边界 | 在内 |

资料来源：同上。

表4-10　　　　　　　　　　点与线之间的三种拓扑关系

| 相离 | 在端点 | 在线上 |

资料来源：同上。

表4-11　　　　　　　　　　点与点之间的两种拓扑关系

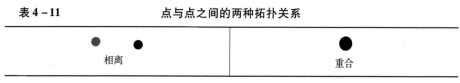

| 相离 | 重合 |

资料来源：同上。

2. 地理对象空间拓扑关系的尺度变换机制

地理对象空间拓扑关系的尺度变换机制分为两种情况，一是在向上的尺度转换过程中，随着比例尺的缩小，空间形态发生变化（根据前面讲的空间尺度图谱的变化序列进行有规律的变化），空间拓扑关系也发生相应的有规律的变化；二是在向下的尺度转换过程中，新的拓扑关系的生成及原有拓扑关系的改变，由于地理空间对象缩放的不可逆性，这种情况发生较少。

地理事物的空间目标为点、线、面，随着比例尺缩小，受表达载体（比如地图图幅、显示器屏幕）的表达能力的限制，表达的地理实体的质量特征和数量特征都发生很大变化。一般来讲，点状的地理事物面临选取，有两种可能性，保留与被舍弃。线状地物的变换有以下几种可能性，一是形态的变化，弯曲减少，线状地物空间特征粒度变大，细节层次减少；二是被舍弃，没有被选取。而面状的地理事物有四种可能的变换，一是面积缩小，形状简化；空间特征发生改变，主要是空间面积变小、形状变简单，但仍然保持面状特征；二是面状形态发生根本性的变化，变为线状；三是面状形态发生根本性的变化，变为点状；四是面状地物面积小于特定的阈值，不再显示（选取）。这样地理事物的空间关系就发生了根本性的变化。下面，我们分几种情况进行讨论：①面面关系的变换机制；②面线关系的变换机制；③面点关系的变换机制；④线线关系的变换机制；⑤线点关系的变换机制；⑥点点关系的变换机制。

（1）面面关系的尺度变换机制

在尺度下推的过程中，伴随面状空间形态的变化，空间位移、取舍等，空间关系也发生有规律的变化，地理事物面与面的关系会逐渐演变，根据具体的地理现象的空间特征，会出现不同的演化过程，如表 4 - 12 所示。

表 4 - 12　　　　　　　　　面面拓扑关系的尺度变换形态

面面拓扑关系	面面拓扑关系演化	可能的进一步演化	实例说明	意义描述
面面相离	点面	先简化为点面，后简化为点点相离关系		先简化为点面，后简化为点点相离关系
	点点或者点线			先简化为点面，后简化为点点或者点线

面面拓扑关系	面面拓扑关系演化	可能的进一步演化	实例说明	意义描述
	线面相离	点线相离		面面相离简化为面线相离再简化为点线相离
	点点	无		面面相离简化为点点相离
面面相离	点线相离	无		面面相离简化为点线相离
	线线	无		面面相离关系简化为线线相离关系
		无		面面相接关系简化为线线相接关系

续表

面面拓扑关系	面面拓扑关系演化	可能的进一步演化	实例说明	意义描述
相接	点面相接	点线相接		面面相接关系简化为点面相接关系，可能简化为点面相接关系
	点线相接	无		面面相接关系简化为点线相接关系
	面线相接	点线相接		面面相接关系简化为面线相接关系，再简化为点线相接关系
相交		无		面面相交关系简化为面点相接关系
		无		面面相交关系简化为点线相接关系
		无		面面相交关系简化为线线相交关系

123

续表

面面拓扑关系	面面拓扑关系演化	可能的进一步演化	实例说明	意义描述
相交		无		面面相交关系简化为线线相接关系
				面面覆盖关系简化为线线包含关系
覆盖、被覆盖				面面的覆盖被覆盖关系简化为点点相接关系，可能简化为点线关系
		无		面面的在内与包含关系简化为面点在内关系
在内包含		无		面面的包含在内关系简化为线在面内
		无		面面重合简化为线线重合

续表

面面拓扑关系	面面拓扑关系演化	可能的进一步演化	实例说明	意义描述
重合		无		面面重合简化为点点重合

（2）面线关系的尺度变换机制（见表 4 – 13）

表 4 – 13   面线拓扑关系的尺度变换演变形态

线面拓扑关系	演变关系	实例说明	意义描述
			线面相离关系变换为点线相离关系
			线在面内变换为一个点，线消失
			线面的相接关系变换为点线相接关系
			线面的相交关系变换为线线相交关系
			线面的相交关系变换为点线相接关系

续表

线面拓扑关系	演变关系	实例说明	意义描述
		无	线在面内的内接关系变换为线线部分重合关系
			线的两个端点在面内线部分在外变换为点与线两个端点相连接
			线的两个端点在面内线部分在外变换为线的两个端点在线上两个端点之内线与线不重合
			线的一个端点在面内变换为点与一个线的端点重合
			线的一个端点在面内变换为线的一个端点在另一条线的两个端点之间
			线的两个端点与面相接，线在面外，变换为一条线的端点在另一条线上
			线的两个端点与面相接，线在面外变换为线的两个端点与点重合

续表

线面拓扑关系	演变关系	实例说明	意义描述
			线段的一个端点与面相接，变换为线段的一个端点在另一条线上
			线段的一个端点与面相接，变换为点在线的端点
			线的两个端点与面相接，线在面内，变换为两条线的重合
			线的一个端点与面相接，线在面内，变换为线段的部分重合关系
			线在面的边界上，变换为线与线的部分重合关系
			线的两个端点在与面相接，线部分与面相接部分在外，变换为线的两个端点在线上，线部分与另一条线重合
			线的两个端点与面相接，线部分与面相接部分在外，变换为线的两个端点与点重合

线面拓扑关系	演变关系	实例说明	意义描述
			线的一个端点与面相接，线部分与面的边界重合，部分在外，变换为线的一个端点与点重合
	无	无	无
			线的两个端点在面的边界上，线部分在面内部分在外，变换为线的两个端点在另一条线上，两条线不重合
			线的两个端点在面的边界上，线部分在面内部分在外，变换为线的两个端点与点重合
			线的一个端点在面的边界上，另一个端点在面外，线与面相交，变换为线的一个端点与点重合
			线的一个端点在面的边界上，另一个端点在面外，线与面相交，变换为线的一个端点在另一条线上

续表

线面拓扑关系	演变关系	实例说明	意义描述
	无	无	无
			线的一个端点在面内，一个端点在面的边界，线部分在面外，变换为线的两个端点在另一条线上，线与线部分重合或者不重合
			线的一个端点在面内，一个端点在面的边界，线部分在面外，变换为线的两个端点与点重合

（3）线与线的尺度变换机制

由于线与线拓扑关系在尺度变换中不涉及空间形态降维的问题，因此从根本上来讲，线与线的拓扑关系不会发生根本性的变化，只是由于线的取舍使拓扑关系变简单了。

（4）点与面的拓扑关系尺度变换（见表4-14）

表4-14　　　　　点与面的拓扑关系尺度变换演变形态

点面拓扑关系	点面拓扑关系演化	可能的进一步演化	实例说明	意义描述
		无		点面相离关系变换为点点相离关系
		无		点面相离关系变换为点线相离关系

续表

点面拓扑关系	点面拓扑关系演化	可能的进一步演化	实例说明	意义描述
		无		点面相接关系变换为点在线上
		无		点面相接关系变换为点与点的重合
		无		点在面内变换为点在线上
		无		点在面内变换为点与点的重合

（5）线与点关系的尺度演变机制

线与点在尺度变换中没有发生降维现象，因此线与点的拓扑关系在尺度变换中不会发生实质性的变化。

（6）点与点关系的尺度演变机制

点在尺度变换中没有发生降维现象，因此点与点的拓扑关系没有发生实质性的变化。

在空间尺度变换的过程中，拓扑关系的变换是由形态变化引起的，其中主要是由面演化为线或者点的降维的原因造成的，这样使空间拓扑关系发生实质性的改变。在面变为线和点的过程中，面所表达的形状信息和面积信息的丢失使拓扑关系的描述更为简单。我们用 TR(A，A) 表示面与面的拓扑关系，TR( )A 表示拓扑关系，其中 A 表示面状空间对象，我们用 L 和 D 分别表示线状、点状的空间对象，由于 A 演化为 L、D，这样 A 与 A 的拓扑关系就演化为 A、L、D 的任意组合的关系，其中除去面与面的关系，由于 C(A,L, D)(C 是组合符号) = (A, A)，(A, L)，(A, D)，(L, L)，(L, D)，(D, D)。因此我们可以用式 (4 - 11) 表示：

$$TR(A, A) \Rightarrow \begin{cases} TR(A, L) \Rightarrow \begin{cases} TR(D, L) \\ TR(L, L) \end{cases} \\ TR(A, D) \Rightarrow \begin{cases} TR(D, D) \\ TR(L, D) \end{cases} \\ TR(L, L) \\ TR(L, D) \\ TR(D, D) \end{cases} \qquad (4-11)$$

式中，⇒ 表示拓扑关系变换或者演化。

线与面的拓扑关系变换，主要是由面的降维引起的，由于 A 变换为 L、D，这样 TR(A, L) 就变换为 TR(L, L)、TR(D, L)，可由下式表示：

$$TR(A, L) \Rightarrow \begin{cases} TR(L, L) \\ TR(D, L) \end{cases} \qquad (4-12)$$

面与点的拓扑关系变换，主要是由面的降维引起的，A 变换为 L 或者 D，这样，TR(A, D) 变换为 TR(L, D) 和 TR(D, D)，可由下式表示：

$$TR(A, D) \Rightarrow \begin{cases} TR(L, D) \\ TR(D, D) \end{cases} \qquad (4-13)$$

4.5 基于域模型的地理信息的空间尺度变换机制

4.5.1 基于域模型地理信息的尺度上推和尺度下推

基于域模型的地理信息主要有遥感影像、数字地面模型（DTM）等形式，数字地面模型的典型例子是数字高程模型（DEM），一般来讲，域模型的地理信息适合使用栅格数据来表达遥感影像的尺度及尺度变换问题，不是

本书要讨论的内容。数字地面模型主要有七类，其中最常用的是规则格网
（GRID）、不规则格网（TIN）及数字等值线图。域常被视为由一系列等值面
构成，一个等值面赋予相应地面上的对应的所有的点相同的属性值，这对于
散点数字地面模型比较适用。但是对于其他数字地面模型，这种情况比较少
见，比如TIN、TIN中每个三角构成的平面上的点大多不是一个等值面。

由于规则格网和不规则格网对于地理信息描述的详细程度主要是由采
样点之间的间隔决定的，显然，间隔小的情况下，同一面积区域的采样点
要多于间隔较大的情况。因此，间隔的变化就影响着地理信息对于地理细
节层次的描述。所以，对于域模型的地理信息的尺度变换从本质上来讲就
是描述地表特征的采样点的间隔的变化及规则。对于尺度上推，显然是格
点的数量减少，间距增大；而对于尺度下推情况正好相反，格点的数量增
加，间距减少。格点数量的增加与减少都可称之为重采样。但是，一般情
况下，把格点增加称之为插值，插值有很多方法。因此，基于域模型的地
理信息的尺度变换就是通过重采样的方法来增减或者减少格点的数量来实
现对于地理现象的描述的详细或者简略变化。当然对于不同的数字地面模
型类型，情况还有一些差别。在不规则三角网中如图4-25所示，显然，
图（a）中的格点数量要比图（b）中多很多，这样对于地表特征（及属
性）的描述要详细很多。这样由图（a）变换到图（b）就是尺度上推，相
反，由图（b）变换到图（a）就是尺度下推。在由格点生成不规则三角网
的过程中，一定要考虑地性线的情况，这样才能使生成的三角网不至于架
空于河谷上或者贯穿于山体中（毋河海，1991）。对于不规则三角网的格
点来讲，这里我们必须说明一下采样规则的影响。显然，对于具体的地表
形态及属性特征，它的空间变化规律是不同的，一般来讲，在地表及其属
性变化剧烈的地方，采样点应该多些才能反映具体的情况，而对于地表形
态及其属性变化平缓的地方，采样点应该稀疏些。但是具体规则一定要适应
实际变化的规律。

对于规则格网（GRID）构成的DEM来讲，情况比不规则三角网简单
一些，因为规则格网的格点一般是非常规律的。图4-26是规则格网表达
的DEM的尺度上推的例子，通过重采样使格网逐渐变大，从图（a）到
图（b）、图（c）、图（d），格网大小由25×25变为100×100、200×

200、400×400，对于地形的描述越来越概括。规则格网的尺度下推是由插值来实现的，插值的方法有很多种。

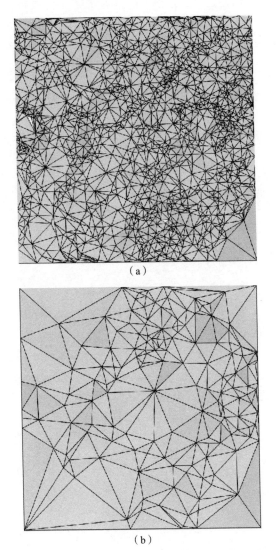

（a）

（b）

图 4 – 25　不规则三角网的采样点的疏密对地表描述的影响

数字等值线的典型代表是等高线，其他如等温线、等降雨量线等。等高线对于地形的描述与规则格网和不规则三角网有一定的区别。等高线对于地表的刻画的详细与概括程度主要是由等高线的间距决定的，间距越大，显然对于地表形态的描述越简略，间距越小，对于地表形态的描述越详细。这样以等高线描述的地理信息，尺度变换的实质就是等高线间距的变化，其他等值线也是如此。图 4 – 27 中，从图（a）到图（b）、图（c）等高距逐渐变大，由 100 米到 200 米再到 400 米，对于地表形态的描述趋于概略。从另外一个视角，我们来看这个问题，可以把等高线视为高程相等的点的集合，那么它的实质也是点与点之间的间隔距离的问题，等高距变大，就是点的间隔距

（a）25 × 25

（b）100 × 100

（c）200×200

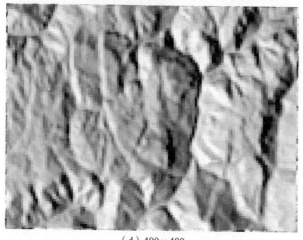

（d）400×400

图 4-26 一个 DEM 尺度上推的重采样过程

注：从图（a）到图（b）、图（c）、图（d），格网的大小由 25×25 逐渐变为 100×100、200×200、400×400，对于地形的描述越来越概括、细节减少。

离增大了，对于地理现象、属性的描述就变得简略了。这对于等温线、等降雨量线、等气压线等基于场模型的获得和表达的地理信息都是一样的。在等高线表达的地形信息的尺度上推的过程中，除了等高距的变大之外，等值线本身也会发生变化，就是变得更加平滑，弯曲更少，这是对于等高

线的综合，综合的结果是等高线的分数维的值的减少。这样实际上，对于
等值线表示的地理信息的尺度变换的实质，就是等值线之间的距离的变化，
变大、或者是插值变小（这种情况极少，而且不可靠），另外就是等值线
的分数维的值的减少。

图4-28是由等高线通过构建 TIN 生成的 DEM，与图4-26 相对应，显
然地形起伏的描述从图（a）到图（b）、图（c）更为具体，地理细节表达详
细。相反，在从图（c）到图（b）、图（a），对于地形起伏的描述概括，地理

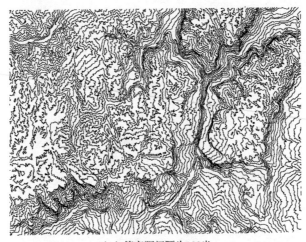

（a）等高距间隔为100米

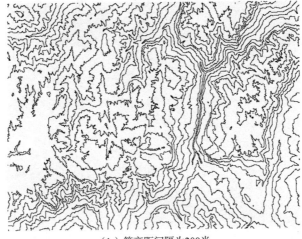

（b）等高距间隔为200米

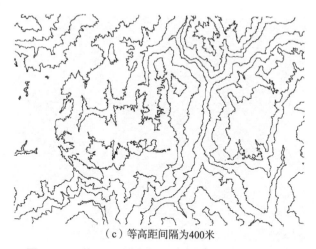

（c）等高距间隔为400米

图 4-27　等高线间隔变化对于地形描述的细节变化

注：从图（a）到图（b）、图（c）间距变大，细节减少。

细节层次较少。在从等高线生成 TIN 的过程中，等高线的间距决定了 TIN 的格点之间的距离，而且这种格点之间的距离决定了对于地理现象描述的详细程度。从信息计算的角度来讲，格点间距减少，格点数量增加，每个格点就是一个单个的随机事件，一个随机事件就是一个不确定性，在一般情况下，格点的增加就增加了对于地形细节描述的不确定性，这样信息量就增加了。

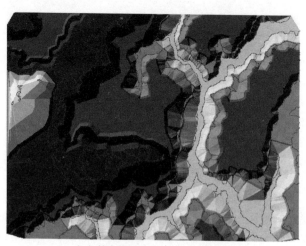

（a）等高线间距为400米生成的TIN

（b）等高距为200米生成的TIN

（c）等高线间距为100米生成的TIN

图 4 - 28　不同间隔等高线生成的 **TIN** 的比较

4.5.2　基于域模型的地理信息尺度变换的插值与综合方法

基于域模型的地理信息的尺度变换实质上是格点的增加与减少，格点增加可以使格网（不规则的和规则的）细分，从而使表达的细节增加，由离散点生长的数字等值线以及等高线的尺度变换本质上也是这个问题，增加格点的方法是插值；而格点减少的重采样，也可称之为综合，使得格网变大，表达的细节减少，对于离散点生成的等值线也可以这样看。

1. 插值方法

对于 DEM 内插来讲，按照内插点的分布范围，可以将内插分为整体内插、分块内插和逐点内插三类（杨晓云、唐咸远等，2006）。插值的方法有很多种，这里主要介绍几种常见的插值方法。

（1）反距离权重内插

反距离权重内插是利用邻近已知点的数值进行加权运算，所需的权重根据距离远近来确定，离插值点越近的样本点的权重越大，一般以距离倒数次方为权进行插值，公式如下：

$$z(x, y) = \frac{\sum\limits_{i=1}^{n} \dfrac{1}{d_i^p \cdot z_i}}{\sum\limits_{i=1}^{n} \dfrac{1}{d_i^p}} \tag{4-14}$$

式中，$z(x, y)$ 为 (x, y) 处插值点的估计值；n 为参与计算的实测样本点数，d_i 为 i 点与插值点之间的距离；z_i 是第 i 个已知点的数值；p 为距离的幂，p 值显著影响内插结果，一般情况下，$p=1$ 或者 2。

（2）样条函数内插

样条函数内插的本质是利用数学方程式来表现一条通过一组已知点的平滑曲线，并依据这条曲线来估算范围内的每个插值点的属性值。样条插值又分为两种，一种是距离函数样条法，另一种是分片 Hermit 样条法。距离函数样条插值方法如下：

$$F(p) = \sum\limits_{i=1}^{n} c_i |p - p_i|^3 + a + b \cdot x + c \cdot y \tag{4-15}$$

式中，p 为待求点，p_i 为已知高程点，其对应值为 $F_i(i=1, 2, 3, \cdots, n)$，各系数 $c_i(i=1, 2, 3, \cdots, n)$，$a$、$b$、$c$ 由式（4-16）确定：

$$\begin{bmatrix} \cdots & \cdots & \cdots & 1 & p_1 \\ \cdot & |p - p_i| & & 1 & p_2 \\ \cdots & \cdots & & & \\ & & & 1 & p_n \\ 1 & 1 & \cdots & 1 & 0 & 0 \\ p_1^t & p_2^t & & p_n^t & 0 & 0 \end{bmatrix} \cdot \begin{bmatrix} c_1 \\ c_2 \\ \cdot \\ c_n \\ a \\ b \\ c \end{bmatrix} = \begin{bmatrix} F_1 \\ F_2 \\ \cdot \\ F_n \\ 0 \\ 0 \\ 0 \end{bmatrix} \qquad (4-16)$$

其中，t 为一常数。

（3）克吕格（Kriging）插值

克吕格插值又称为空间局部插值法，是以变异函数理论和结构分析为基础，在有限区域内对区域化变量进行无偏最优估计的一种方法，在形式上与加权内插非常类似，都是利用已知点数值加权来估算未知点的数值。它是在考虑了信息采样的形状、大小及其与待估块段相互间的空间分布维位置等几何特征以及采样的空间结构之后，为了达到线性、无偏和最小估计方差的估计，而对每一采样值分别赋予一定的系数，最后进行加权平均来估计块段采样值的方法，其实质是充分利用数据点之间的空间相关性，消除采样点不均匀带来的误差。计算公式如下：

$$z(x, y) = \sum_{i=1}^{n} \rho_i z(x_i, y_i) \qquad (4-17)$$

其中，ρ_i 为第 i 个采样点对插值点的权重，$z(x, y)$ 为 (x, y) 处插值点的估计值，$z(x_i, y_i)$ 为 (x_i, y_i) 点的采样值。

其他的插值方法还有趋势面插值、分形插值、双线性插值等。

2. 综合的方法

对于 DEM 来讲，综合的方法主要有四相邻高程平均的 DEM 金字塔方法、DEM 高斯金字塔算法、小波变换的方法（杨族桥等，2005）、三维 Douglas-peuke 算法（费立凡等，2006）

小波变换的方法是利用多分辨率分析思想对 DEM 数据进行多尺度处理（杨族桥等，2003，2005），这种方法将规则格网 DEM 数据（Grid）看成是一个二维信号有序阵列。将 DEM 的多尺度表达问题变成一个二维数字矩阵的小波分解和重构的问题。按照这种简化思想，利用 Mallat 分解和重构算法，得到多尺度的 DEM，则派生的序列 DEM 大小为原来的 2^{-k} 倍，相应的比例尺逐级降低为原来的 1/2，而且所得序列 DEM 是尺度相关的，能保持地貌数据的绝大部分信息，同时又有非常简单的数学表现形式。

4.6 本 章 小 结

本章主要研究内容如下：

（1）阐述了地理信息的建模过程，地理信息按其建模的特征方式，可以划分为基于对象模型的地理信息和基于域模型的地理信息。基于对象模型的建模是把地理世界作为不连续的可被识别的，具有地理参照的实体来处理，来建立地理信息模型的，它把地理信息空间分解为对象或者是实体。基于域模型的地理信息把地理世界作为连续的空间分布的信息的集合来处理，每个这样的分布可以表示为从一个空间结构到属性域的数学函数。

（2）阐述了地理细节层次的含义，地理细节层次的刻画是与幅度、粒度（分辨率）、间隔、频度、比例尺不可分割的。显然相对幅度越大，绝对幅度越小，越能描述详细的地理细节层次。粒度是刻画地理细节层次的主要参数，主要有空间大小粒度、空间特征粒度和空间关系粒度。显然不管是对象模型还是域模型，采样点的间隔越大，采样的粒度越大，丢失的地理细节层次就越多，频度对于地理细节层次的影响显然是因为频度影响了间隔，幅度相同的情况下，频度越高，显然间隔越小，对于地理细节层次的描述越详细。比例尺对于地理细节层次的影响在于比例尺决定了地理物体在图上的表达详细程度。

（3）论述了地理细节层次刻画与尺度的各要素之间的关系，对描述地理细节层次的空间粒度进行了分类，把空间粒度分为空间大小粒度、空间特征粒度、空间拓扑关系粒度、空间距离关系粒度和空间方向关系粒度，并详细探讨了其内涵及其对地理信息抽象程度刻画的影响，同时阐述了空间粒度对于语义粒度的影响作用。粒度是刻画地理信息抽象程度的主要要素，在比例尺相同的情况下，描述地理信息细节层次也可以是不同的，这受地理信息粒度的控制。地理信息粒度包括语义粒度、时间粒度、空间粒度，其中空间粒度起决定性的作用。

（4）探讨了基于对象模型的地理信息的空间尺度变换机制，基于对象模型的地理信息的空间尺度变换主要是尺度的上推，从本质上讲就是制图综合，这里我们从另一个视角来看这个问题，尺度变换机制包括空间形态的变换机制和空间拓扑关系的变换机制。

（5）探讨了基于域模型的地理信息的尺度变换机制，尺度上推主要是综合，尺度下推是插值。尺度上推主要是规则和不规则格点的减少，而尺度下推主要是规则和不规则格点的增加。介绍了几种插值方法和 DEM 的综合方法。

第5章　地理信息的时间尺度变换机制

5.1 地理信息时间特征的形式化定义

5.1.1 地理信息时间问题概述

地理学区别于几何学的原因就在于地理学中，空间是必不可少的与时间联系在一起的（Don Parks & Nigel Thrift，1980）。地理事物存在于四维的时空系统中，时间特征是必不可少的重要特征。"地理现象是自然形成加上人类行为干预下形成空间结构，而又在时间推移下不断演化"要"由二维表达走向时空描述与多维分析"（陈述彭，2000）。传统的地理信息系统是静态的地理信息系统，不能反映地理事物随时间发展变化的规律和过程。这就要求我们重新审视传统地理信息系统，研究新的时空数据模型和数据结构，发展时空一体化的时态数据模型和数据结构，发展时空一体化的时态数据库和时态地理信息系统来充分关注地理现象中的时间因素。

时态 GIS 快速发展起来，时间或者是时态问题近些年受到了国内外学者的广泛关注（Thomas Ott & Frank Swiaczny，2001；张祖勋，1995；崔伟宏、张显锋等，2006）。目前时态 GIS 领域主要研究焦点集中于时空数据建模（Reitsma F.，Albrecht J.，2005；龚健雅，1997；LinWang Yuan，Zhao Yuan Yu et al.，2011），其中普遍采用基于事件的时空数据模型来存储和描述地理现象变化的时空过程（Langran G.，1993），Worboys M.（2005）并提出了基于事件地理现象的描述和表达方法，Klippel 等（2008）描述了地理现象变化中拓扑关系的演化。当前基于事件的时态 GIS 研究主要集中于事件的时空建模和时空数据模型，而应用主要集中于地籍的变更管理（蒋捷、陈军，2000）。上述基于事件的时空数据模型对事件之间的关联关系和因果关系描述不足，几乎没有考虑到时间尺度对于地理事件线性时间拓扑关系的影响。

对地理现象发生的时空动态过程进行模拟分析，就要求进行时空建模。而地理事物的时空动态模拟与建模模型是最为复杂也是最重要的一类模型，它通过模拟地理过程和地理实体的演化为认识地理规律提供了可靠的方法。

地理模拟模型经过了以下发展阶段（崔伟宏等，2006）：①对地理实体或现象的形态结构的静态模拟，如早期的城市模型，TIN 模型；②以空间相互作用为基础的机械物理模型。这类模型是借助牛顿机械物理模型来模拟地理现象，如引力模型、交通模型等；③从宏观出发用微分或偏微分方程来模拟地理变化或演化过程，如洪水模型、系统动力学模型等。这类模型不仅考虑地理过程的主导因子，而且把时间作为一个变量引入模型中，因此是连续动态模拟模型；④面向域和面向对象的离散动态模拟模型，如近年发展起来的元胞自动机模型。在虚拟现实地理信息系统中空间多尺度、时间多尺度地理数据库建设中，时间因素也是重要的必不可少的要考虑的特征。地理信息科学中的时间因素和时间的理论问题一直没有受到充分重视，我们必须充分关注地理信息科学中的时间问题。

探讨地理信息科学中的时间因素和时间尺度问题对于我们发展时态地理信息系统和解决时空建模问题具有基础性的理论意义。时间粒度是刻画地理信息时间尺度的主要要素，时间粒度变化会引起对地理信息时间维抽象程度的变化，这也影响到地理事件之间的线性时间拓扑关系。本章对时间的基本元素进行了形式化定义，在此基础上基于集合论对地理事件之间的线性时间拓扑关系进行了形式化描述，探讨了时间尺度的变换问题，并探讨了时间粒度变化对地理事件之间的线性时间拓扑关系的影响。

5.1.2　时间的基本元素的形式化定义

时间是地理信息的一个主要特征，但是通常的情况下，人们更多关注的是处于某一时间点的静态地理现象的空间和属性。任何地理事物都是处于不断的演化和发展的过程中的，因此对地理信息时间动态特征、时间序列的描述和关注是不可缺少的一个重要方面。时态地理信息系统、虚拟地理环境、三维动态地理信息系统的出现，是地理信息科学中人们关注时间要素的必然结果。

牛顿 1687 年发表的定义认为：绝对、真实的数学时间，就其自身及其本质而言是永远均匀地流动的，不依赖于任何外界事物，这体现了牛顿的绝对时空观。然而地理信息的对象是关联着空间和时间的地理实体，时间和空间具有不可分割性。相对于空间的三维性来讲，时间是一维的，时间是流动着的，具有不可重复性。目前，主要有两种基本的时间观点：一种观点是将时间理解为一种特殊含义的度量尺度，时间尺度则为衡量时间的度量标准，它取决于事件发生的频率；另一种观点是将时间理解为时间序列的表现形式，即将变化作为时间的深层含义（熊汉江、龚建雅等，2001）。

赵玉梅等（2003）认为时间在逻辑上可以视为是一条没有断点，向过去和未来无限延伸的坐标轴——时间轴，在时间轴上主要定义了以下几类基本元素。

定义1　时间粒度：即时间的分辨率用 r_t 表示。当 $|t_1 - t_2| \leq r_t$，即 t_1、t_2 均在 r_t 内，则认为 $t_1 = t_2$，当 $|t_1 - t_2| \geq r_t$，则认为 $t_1 \neq t_2$。

定义2　时间单位：时间表达的度量单位，用 $U(t)$ 表示。通常有十亿年、一百年、世纪、年、月、天、分、秒等。

定义3　时刻（t_i）：存在一个时间 t_i，当满足条件 $U(t_i) \leq r_t$，则 t_i 为时刻；反之当 $U(t_i) \geq r_t$，则为时间段。

定义4　时间段（t_p）：存在两个时刻 t_i，t_j 满足 $U(t_i) \leq r_t$，$U(t_j) \leq r_t$，则时间段 $t_p = t_j - t_i$。

定义5　复合时间段（t_c）：由时刻 t_i、时间段 t_p 复合组成，通常用 t_c 表示。其数学表达式为 $t_c = t_1 \cup t_2 \cup t_3 \cup \cdots \cup t_n$（$t_1$，$t_2$，$t_3$，$\cdots$，$t_n$ 为时刻 t_i 或时间段 t_p）。

任何一种周期性变化的物质运动都可以作为计量时间的标准即时间参考系统，人们常用的是日历参考系统，有各种日历参考系统。其中，格里日历支持世纪、年、月、日、星期、小时、分钟、秒的时间粒度。

时间问题已经引起人们的关注。Worboys（1995）总结了 GIS 以及数据库界学者在时间表述方面的研究成果，分为三个方面如表 5 – 1 所示。

地理现象时间是地理现象本身的发生、发展过程的持续的长度，地理信息时间是地理信息的本质属性之一，是对地理现象时间特征的刻画。地理信息的对象是关联着的空间和时间的地理实体，时间和空间具有不可分割性。相对于空间的三维性来讲，时间是一维的，时间是流动着的，具有不可重复性。

表 5 – 1   时间结构图

变化的时间记录方式	对象在生命周期内变化方式	变化发生时间段
离散 连续	线性 多种未来的可能性 多种过去的可能性 循环	瞬时 ● 时间区间 多时间段

地理信息科学中，时间尺度主要反映对于地理现象过程及变化描述的抽象程度。时间尺度主要是通过时间尺度的组分来描述的，时间尺度组分主要包括时间长度（幅度）、间隔、频度、粒度，它们一起构成了时间尺度的内涵。时间长度是地理现象过程发生的时间的持续长度，是从地理事件发生开始的时刻（t_1）一直到结束的时刻（t_2）之间的时间区间（或者时间段，t_p）长度。时间间隔是对地理现象变化过程进行采样的两个时刻 t_0、t_1 之间的时间段的长度。时间频度是地理信息单位时间内的采样数量多少（或者是单位时间内地理事件发生的次数）。时间粒度主要是指记录和描述地理事件发生的时间单元。本书借鉴赵玉梅对于时间形式化定义的基础上，在时间轴上定义了以下几类基本元素。

定义 1　时间测度（时间单位）：时间表达的测量尺度和度量单位，用 $U(t)$ 表示。通常有十亿年、世纪、一百年、年、月、天、分、秒、毫秒、微秒，它是记录时间的基本单位，它反映了对于时间系统的离散化程度和记录时间系统的精确程度。

定义 2　时间粒度，即时间的分辨率用 r_t 表示。当 $|t_1 - t_2| \leqslant r_t$，即 t_1、t_2 均在 r_t 内，则认为 $t_1 = t_2$，当 $|t_1 - t_2| \geqslant r_t$，则认为 $t_1 \neq t_2$，时间分辨率是事件记录的最小单位，小于最小单位的时间即被记录为时刻。

定义 3 时刻（g_i）：存在一个时间 t_i，当满足条件 $U(t_i) \leq r_t$，则 t_i 为时刻；反之当 $U(t_i) \geq r_t$，则为时间区间，在时间轴上，时刻用一个点来表示，时刻是相对的。

定义 4 时间区间（t_p）：存在两个时刻 t_i，t_j 满足 $U(t_i) \leq r_t$，$U(t_j) \leq r_t$，则时间区间为（t_i，t_j）。

定义 5 时间长度（幅度）：在时间轴上，两个时刻之间的差的绝对值即为时间长度，其数学表达式为 $t_l = |t_i - t_j|$；表示了地理事物从开始到结束的发生持续性。

5.1.3 地理事件线性时间关系的形式化描述

拓扑关系就是那些在旋转和伸缩等拓扑变换下保持不变的一种关系，如果相离，则同时对它们旋转、伸缩或者拉长等拓扑操作，它们之间仍然保持相离的关系不变，而方向关系和距离关系则可能发生变化。这里，在时间轴上的线性时间拓扑关系就是地理事件发生的同时、相接、在前、在后等关系。实质上，在时间轴上，时间区间是绝对的，时刻是相对的，当时间区间小于要求的粒度 r_t 时，就被视为是时刻。因此地理现象时间关系的刻画主要就是通过描述时刻、时间区间之间的关系来实现的。在一维的线性轴上，时刻（时间点 t_i）表现为点，对应于时间轴上的一个唯一的点值；时间区间 $t_p[a, b]$ 在时间轴上表现为线段，a、b 为时刻，分别对应于一维时间轴上的一个点，因此时间区间可以视为时间轴上无限个时间点构成的线段，两个端点为 a、b。这样对于地理现象时间关系的形式化描述就转变为一条直线上点与点、点与线段、线段与线段的位置关系的描述。这里我们提出地理事件线性时间拓扑关系的 9 - 交集模型。设两个地理事件发生的时间在时间轴上为 A、B（A、B 可为时刻，也可为时间区间），这样 A、B 就把时间轴分为三部分，在时间轴上位于 A 的左端部分（不包括 A）我们用集合 A^- 表示，A 本身我们用集合 A^0 表示，A 的右端部分（不包括 A）我们用集合 A^+ 表示，同样时间 B 把时间轴分为三部分，即 B^-、B^0、B^+，如图 5 - 1 所示。

这样，时间 A 本身（A^0）、左端部分（A^-）和右端部分（A^+）与时间 B 本身（B^0）、左端部分（B^-）和右端部分（B^+）分别取交集，得到了这两个时间目标之间的 9 个拓扑不变量，组成一个 3×3 矩阵：

$$R(A, B) = \begin{bmatrix} A^- \cap B^- & A^- \cap B^0 & A^- \cap B^+ \\ A^0 \cap B^- & A^0 \cap B^0 & A^0 \cap B^+ \\ A^+ \cap B^- & A^+ \cap B^0 & A^+ \cap B^+ \end{bmatrix} \qquad (5-1)$$

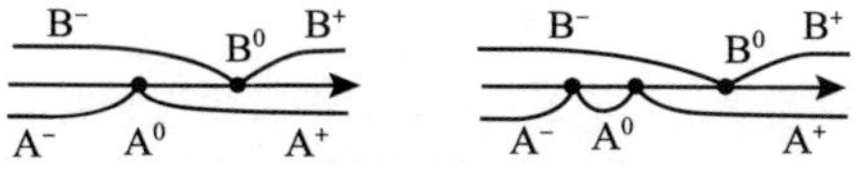

图 5-1 时间轴上地理事件发生时间 A、B 的集合划分

（左图两个时间均为时刻，右图时间 A 为时间区间、B 为时刻）

称为时间 9 - 交集矩阵。时间轴上两个集合相交的情况有三种：①交集为空集，记为 0；②交集只有一个点，记为 1；③交集为无穷个点，记为 ∞。通过考察该矩阵中每个元素的相交情况，可以确定相应的拓扑关系，可能得到 3^9 种不同的拓扑关系。根据实际情况，排除无意义的组合后，可以得到 3 种时刻 - 时刻线性拓扑关系、5 种时刻 - 时间区间线性拓扑关系、8 种时间区间 - 时间区间线性拓扑关系，如图 5-2 所示，并分别用符号 PP（1）、PP（2）、PP（3）表示时刻与时刻线性拓扑关系，用 PR（1）、PR（2）、PR（3）、PR（4）、PR（5）表示地理事件时刻与时间区间的线性拓扑关系，用 RR（1）、RR（2）、RR（3）、RR（4）、RR（5）、RR（6）、RR（7）、RR（8）表示地理事件时间区间与时间区间线性拓扑关系。

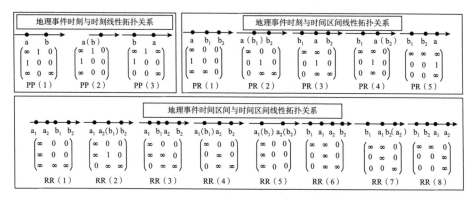

图 5-2 地理事件时间线性拓扑关系的矩阵表示

1. 两个时刻发生地理事件的线性时间拓扑关系代数表示和语义说明

当两个地理现象发生时间 A、B 分别用 a，b 表示，$a < r_t$，$b < r_t$ 时，r_t 为时间粒度，即两个地理事件分别发生在时刻 a、b，这样它们之间的时间拓扑关系表现为时间轴上的点与点之间的关系，如表 5 - 2 所示。

表 5 - 2　　　　地理现象发生的时间点与点关系的代数表示和语义说明

时间关系	代数表示	语义说明	符号表示
在前	a < b	地理现象 A、B 分别发生于时刻 a、b，A 早于 B	PP(1)
同时	a = b	地理现象 A、B 分别发生于时刻 a、b，A 与 B 为同一时刻发生	PP(2)
在后	b < a	地理现象 A、B 分别发生于时刻 a、b，A 晚于 B	PP(3)

2. 发生在时间区间和时刻的地理事件的线性拓扑关系的代数表示和语义说明

当两个地理现象发生时间 A、B 分别用 a，b 表示，$a < r_t$，$b > r_t$ 时，r_t 为时间粒度，a 为时刻，b 为时间区间 $[b_1，b_2]$，地理事件间的时间关系表现为时间轴上的点与时间段之间的关系，如表 5 - 3 所示。

表 5 - 3　　　　地理现象发生的时刻与时间区间关系的代数表示和语义说明

时间关系	代数表示	语义说明	符号表示
在前	$a < b_1$	地理现象 A 发生于 B 之前	PR(1)
在开始时	$a = b_1$	地理现象 A 发生于 B 开始时	PR(2)
在中间	$b_1 < a < b_2$	地理现象 A 发生于 B 的过程中	PR(3)
在结束时	$a = b_2$	地理现象 A 发生于 B 结束时	PR(4)
在后	$b_2 < a$	地理现象 A 发生在 B 结束后	PR(5)

3. 发生于时间区间与时间区间的地理事件的线性时间拓扑关系的代数表示和语义说明

当两个地理现象发生的时间 A 用 a 表示，a 为时间段 $[a_1，a_2]$，时间

B 用 b 表示，b 为时间段 $[b_1, b_2]$，$a_2 - a_1 > r_t$，$b_2 - b_1 > r_t$ 时，r_t 为时间粒度，时间关系表现为时间轴上的线段与线段之间的关系，如表 5 - 4 所示。

表 5 - 4　地理现象发生的时间区间与时间区间关系的代数表示和语义说明

时间关系	代数表示	语义说明	符号表示
在前	$a_2 < b_1$	地理现象 A 发生于 B 之前	RR(1)
相接	$a_2 = b_1$	地理现象 B 发生于 A 结束时	RR(2)
重叠一部分	$b_2 > a_2 > b_1$, $a_1 < b_1 < a_2$	地理现象 A 发生于 B 开始前，持续到 B 结束之前，B 在 A 没有结束时发生，持续到 A 结束之后	RR(3)
同时开始不同时结束	$a_1 = b_1$,$a_2 < b_2$	地理现象 A、B 同时发生，B 持续到 A 发生之后	RR(4)
同时开始同时结束	$a_1 = b_1$,$a_2 = b_2$	地理现象 A、B 同时发生同时结束	RR(5)
发生于期间	$b_1 < a_1$,$a_2 < b_2$	地理现象 A 发生于 B 发生后，结束于 B 结束前	RR(6)
不同时开始同时结束	$a_1 > b_1$,$a_2 = b_2$	地理现象 A 发生于 B 发生后，A、B 同时结束	RR(7)
在后	$a_1 > b_2$	地理现象 A 发生于 B 之后	RR(8)

5.2　地理信息时间尺度变换

5.2.1　时间尺度变换

　　许多地理现象都是动态的，静态是一个相对的概念，主要用于刻画在一定时间内保持相对稳定，没有发生显著变化的或者说发生的变化在一定的限度之内的地理事物，如一定时间内大多数的自然地理事物山川、河流、道路、公共设施等没有明显的变化。按着相对论的观点，静止是相对的，而运动是绝对的。动态地理现象是指在一定的时间限度内发生变化的地理事物，这就是地理现象的变化过程。

　　时间维是用来刻画地理信息时间特征的。时间尺度主要刻画地理现象的时间长度和变化的粗略与详细程度。有的地理信息描述固定时间发生的地理现象，时间是一个固定点的值，所描述的事件是一个时刻或者时间段的地理现象，地理事物没有发生显著变化（发生变化没有达到记录的临界值），是静态的。动态的地理信息是记录和表征地理现象发生、发展的过程，这时可以记录离散时间断面的空间、地点、地理事物及现象的属性，从而达到记录地理现象发生、发展过程的目的。

用于描述时间维的组分包括幅度（extent）（时间长度）、间隔（interval）、频度（frequency）、速率（velocity）。速率主要是反映在虚拟地理环境、动态地理信息系统中，表达对于地理现象过程模拟的快慢与详细程度。幅度、间隔和频度之间存在密切的关系，一般来讲，用 F 表示频度、用 I 表示间隔、用 E 表示幅度，则可用式（5-2）表示它们之间的关系：

$$I = \frac{E}{F} \qquad\qquad (5-2)$$

实际上，这个公式中的一项发生变化，其他两项都随之改变。我们认为，幅度、间隔、频度、速率中的任意一个组分发生变化，地理信息的时间尺度就发生了变化。幅度发生变化，就是地理信息在时间长度上的扩展或者减小，如果并不涉及地理现象变化过程描述的详细程度，只是描述的时间长度与原来相比更长了或者更短了，有时这可以根据已有的较短时间尺度的地理信息的情况进行推断和预测，这是时间尺度变换的一种。而地理信息采样间隔的变化会导致对于地理过程描述的详细程度出现差异。在有些情况下，由于受各种主观、客观条件的限制，人们不能获得理想间隔的地理信息来详细描述地理现象过程随时间变化的特征。因此，在某些情况下，人们需要根据已有时间尺度的地理信息来得到或者推断其他尺度上的地理信息。时间尺度的变换主要分为两种，一种是时间尺度的下推，另一种是时间尺度的上推，如图5-3所示。时间尺度的下推是指由较为粗糙的时间粒度的地理信息得到时间轴上更为详细精确的异质性的地理信息，使得对地理现象过程的表达更为详细，其本质就是地理信息时空插值。时间尺度的上推是由时间分辨率较高的地理信息转化为时间分辨率较低的更概略的地理信息的过程，舍弃细节的变化，这样可使对地理现象运动变化的过程表达得更为粗略概括，其实质是在时间轴上对空间或属性进行概括。

时间尺度下推，时间分辨率由低到高，描述的地理现象过程的空间、属性变化更为详细；时间尺度上推，时间分辨率由高到低，描述的地理现象、过程的空间、属性变化更为概括，细节性的变化就可能无法表达出来。

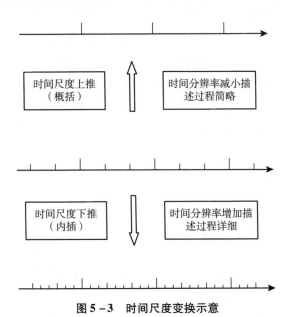

图 5-3 时间尺度变换示意

地理信息的时间尺度主要刻画地理现象在时间过程中的空间形态变化的详细程度、地理事物随时间的位置变化的情况（实际上可以被视为空间变化），地理事物的性质随时间变化的详细程度，以及以上的变换类型的复合变化的情况。其实质是对地理现象变化过程的抽象程度的刻画。但是由于各种原因，人们无法得到理想的抽象程度的地理信息来描述地理现象和过程，这样就需要根据已有时间尺度的地理信息来获得更加概括或者详细的时间尺度的地理信息。在地理信息科学中，时间尺度变换是指对于地理现象时间维的刻画的抽象程度发生了变化，也就是对于地理现象、过程中地理事物的空间形态和性质随时间变化描述的详细程度发生了变化。

5.2.2　时间尺度下推与时间尺度上推

1. 时间尺度下推

时间尺度的下推是指由较为粗糙的时间粒度或者采样间隔较大的地理

信息得到时间轴上时间粒度较小或者时间间隔更小更为详细精确的异质性的地理信息，使得对地理现象发展变化过程的表达更为详细，其本质就是地理信息时空插值。如图 5-4 所示，以某一地区的荒漠化土地为例，假设在时间段 T_1 和 T_k 之间得到等时间间隔，T_1，T_2，…，T_{k-1}，T_k 时刻的荒漠化土地的面积和边界，我们可以用时空统计分析方法进行插值得 T_1、T_2 之间的某一时刻 T_{1-2} 的该地区荒漠化的面积和边界，从而得到时间粒度更为精细的地理信息。地理信息时间尺度下推的实质是时间间隔的减少，时间粒度的变小。

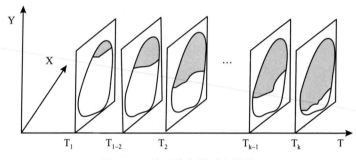

图 5-4　地理信息的时空插值

2. 时间尺度上推

时间尺度的上推是由时间分辨率较高的地理信息转化为时间分辨率较低的更概略的地理信息的过程，舍弃细节的变化，这样可使对地理现象运动变化的过程表达粗略概括，其实质是在时间轴上对空间或属性进行概括，表现为时间间隔的增大，时间粒度变大。以某一地区一年的平均气温变化为例，来描述一下由时间分辨率较精细的地理信息得到更为概括的时间分辨率粗糙的地理信息，如果时间粒度为一天，那么在一年内按 365 天进行采样，分别取得每天的平均气温，然后看一下一年内气温的变化情况；如果以月为时间粒度，则要根据每个月每天的平均气温求出这个月的平均气温，这样也可以看出一年的气温的变化情况，只是更为粗略。

5.3 时间粒度变化对地理事件
线性时间拓扑关系的影响

5.3.1 时间粒度的变化

给定时间论域 T 和 T 上的一个时间等价关系 R：T→P(T)⇒T = T$_{i \in U(t)}$ r$_i$，则称 r$_i$ 为一个时间粒度，当 $\forall$ i，j ∈ U(t)，i≠j⇒r$_i$ ∩ r$_j$ = Ø，则称 {r$_1$，r$_2$，…，r$_n$} 称为时间论域 T 的时间粒度全域 Ω，例如可令 Ω = {C(世纪)，Y(年)，M(月)，W(周)，D(日)，H(小时)，M(分)，S(秒)}。

在时间粒度全域 Ω = {r$_1$，r$_2$，…，r$_n$} 中，对于 r$_i$，r$_j$ ∈ Ω，若 r$_i$ = n × r$_j$（n 为自然数），则称 r$_j$ 比 r$_i$ 细，记为 r$_i$ < r$_j$。如果存在粒度 r$_i$、r$_j$、r$_k$ 具有关系 r$_i$ < r$_j$ < r$_k$，则时刻与时间区间的粒度变化如图 5-5 所示。

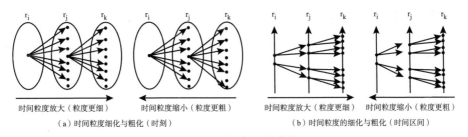

(a) 时间粒度细化与粗化（时刻）　　　　(b) 时间粒度的细化与粗化（时间区间）

图 5-5　时间粒度的变化

5.3.2 时间粒度变化对发生在两个时刻的地理事件的线性时间拓扑关系的影响

设原始时间粒度为 r$_i$，新变化的时间粒度为 r$_j$，时间粒度变化有两种情况：①时间粒度变小；②时间粒度变大。时间粒度变小，即 r$_i$ > r$_j$，则原地理事件的时间线性关系即先后没有变化，但是地理事件发生的时间可能发生变化，比如 a 变为时间区间 [a$_1$，a$_2$]，或者 b 变为时间区间 [b$_1$，b$_2$]，或者

二者同时变为时间区间。如果时间粒度变大，即 $r_i < r_j$，发生在两个时刻的地
理事件发生的时间均为时刻，这个没有变化，但是两个地理事件之间的线性
时间拓扑关系则可能发生变化，则有两种情况：①$|b-a| > r_j$，则三种情况
都变化为同时发生；②$|b-a| < r_j$，则三种情况没有变化。具体地理事件间
线性时间拓扑关系演变情况如表 5-5 所示。

表 5-5　　　　　时间粒度变化对发生在两个时刻的地理事件的

线性时间拓扑关系的影响

原始地理事件时间关系符号表示	时间粒度变小事件 A、B 时间关系演变情况	时间粒度变大事件 A、B 时间关系演变情况
PP(1)	PR(1)，PR(5)，RR(1)	PP(2)
PP(2)	16 种情况都可能发生	无变化
PP(3)	PR(1)，PR(5)，RR(1)	PP(1)

5.3.3　时间粒度变化对发生在时间区间和时刻的地理事件的线性时间拓扑关系的影响

当两个地理现象 A、B 发生的时间 $a < r_t$，$b > r_t$ 时，r_t 为时间粒度，a 为
时刻，b 为时间区间 $[b_1, b_2]$，地理事件间的时间关系表现为时间轴上的点
与时间段之间的关系。设原始时间粒度为 r_t，新变化的时间粒度为 r_j（如时
间轴上的一天，一小时、一分钟等），则时间粒度有两种变化，时间粒度变
大，时间粒度变小。时间粒度变小，即 $r_i > r_j$，则原地理事件的时间线性关系
（前后）没有变化，但是地理事件发生的时间本身可能发生变化，比如地理
事件 A 发生的时间 a 为时刻可能变化为发生在时间区间 $[a_1, a_2]$，这样原始
地理事件 A、B 时间关系就发生相应的变化（见表 5-6）。时间粒度变大，
即 $r_i < r_t$ 不仅地理事件 B 发生的时间区间 $[b_1, b_2]$ 可变化为时刻 b，而且地
理事件之间的时间关系会发生实质性的改变，比如当 $b_2 - a < r_j$，则原来的先
后关系可演变为同时发生，随着粒度变化具体的事件之间的线性拓扑关系演
变如表 5-6 所示。

表 5 −6　　　　　时间粒度变化对发生在时间区间和时刻的地理
事件的线性时间拓扑关系的影响

原始地理事件时间 关系坐标轴表示	时间粒度变小事件 A、 B 时间关系演变情况	时间粒度变大事件 A、 B 时间关系演变情况
PR(1)	RR(1)	PP(1)，PP(2)，PR(2)
PR(2)	RR(1)，RR(3) RR(4)，RR(5)	PP(2)
PR(3)	RR(6)	PR(2)，PR(4)，PP(2)
PR(4)	PR(3)，PR(5)，RR(6) RR(7)，RR(8)	PP(2)
PR(5)	RR(8)	PR(4)，PP(2)，PP(3)

5.3.4　时间粒度变化对发生在时间区间和时间区间的地理事件的线性拓扑关系的影响

当两个地理现象 A、B 发生的时间 a、b 均为时间区间，即 a 为 $[a_1，a_2]$，b 为 $[b_1，b_2]$，则有 $a_2 - a_1 > r_i$，$b_2 - b_1 > r_i$ 时，r_i 为时间粒度。当时间粒度变换为 r_j 时，r_j 与 r_i 之间关系可以表现为两种，一是 $r_i > r_j$，即时间粒度变小；二是 $r_i < r_j$，即时间粒度变大。如果时间粒度变小，a、b 均为时间区间 $[a_1，a_2]$、$[b_1，b_2]$，则变化后仍为时间区间，但是地理事件之间的线性时间拓扑关系可能会发生实质性的改变。例如 RR(2) 的情况，原始时间关系中间的点 a_2 与 b_1 重合，但时间粒度变小，可能会使 a_2 与 b_1 的关系演变为 $a_2 > b_1$ 或者 $a_2 < b_1$，这样原来的地理事件之间时间关系就发生质的改变，但是更为精确。时间粒度变大，即 $r_i < r_j$，原来的区间可能演变为时刻，而且时间之间的线性拓扑关系也会发生质的改变。时间粒度变大，地理事件发生的时间区间会演变为时刻，而且地理事件之间的线性拓扑关系也会发生相应的变化，$[a_1，a_2]$、$[b_1，b_2]$ 可能同时演变为时刻，也可能其中一个演变为时刻，具体的演变情况如表 5 −7 所示。

表 5 - 7 时间粒度变化对发生在时间区间和时间
区间的地理事件的线性拓扑关系的影响

地理事件 坐标轴表示	时间粒度变小事件 A、 B 时间关系演变情况	时间粒度变大事件 A、 B 时间关系演变情况
RR(1)	没有变化	PP(1)，PP(1) PR(1)，PR(2)
RR(2)	RR(1)，RR(1)	PR(2)，PP(2)，PR(4)
RR(3)	没有变化	PP(1)，PP(2)，PR(2) PR(5)，RR(2)
RR(4)	RR(3)，RR(6)	PR(2)，RR(5)，PP(2)
RR(5)	RR(2)，RR(3)，RR(4) RR(6)，RR(7)，RR(8)	PP(2)
RR(6)	没有变化	PP(2)，PR(3) RR(4)，RR(5)，RR(7)
RR(7)	RR(6)，RR(3)	PR(4)，RR(5) PP(2)，RR(5)，
RR(8)	没有变化	PP(2)，PP(3)，PR(5) PR(2)，PR(4)，RR(2)

5.3.5　时间粒度变化对地理事件线性拓扑关系影响的实例分析

如图 5 - 6 所示。

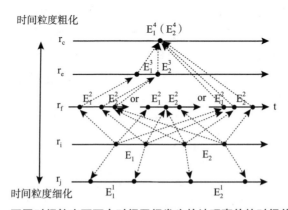

图 5 - 6　不同时间粒度下两个时间区间发生的地理事件的时间关系变化

设 r_c、r_e、r_f、r_i、r_j 为时间全域中的几个粒度，且 $r_c < r_e < r_f < r_i < r_j$。设在时间粒度为 r_i 的两个地理事件 E_1、E_2 发生的时间区间 $E_1[e_{r_i}^{11}$，$e_{r_i}^{12}]$、$E_2[e_{r_i}^{21}$、$e_{r_i}^{22}]$，$e_{r_i}^{11}$、$e_{r_i}^{12}$、、$e_{r_i}^{21}$、$e_{r_i}^{22}$ 为时刻，经过时间粒度的细化，变为时间粒度约束 r_j 的时间区间 $E_1^1[e_{r_j}^{11}$，$e_{r_j}^{12}]$、$E_2^1[e_{r_j}^{21}$，$e_{r_j}^{22}]$；对 r_i 经过一次时间粒度的粗化，粒度变为 r_f，有三种情况：①$E_1^2[e_{r_f}^{11}$，$e_{r_f}^{12}]$、$E_2^2(e_{r_f}^{21})$，$e_{r_f}^{12} < e_{r_f}^{21}$，时间关系为 PR（5）；②$E_1^1[e_{r_f}^{11}$，$e_{r_f}^{12}]$、$E_2^1[e_{r_f}^{21}$、$e_{r_f}^{22}]$，$e_{r_f}^{21} = e_{r_f}^{12}$，时间关系为 RR（2）；③$E_1^1[e_{r_f}^{11}]$、$E_2^1[e_{r_f}^{21}$，$e_{r_f}^{22}]$，$e_{r_f}^{21} > e_{r_f}^{11}$，时间关系为 PR（1）。时间粒度进一步粗话变为 r_e，则时间粒度为 r_f 下的第一种情况可变换为 $E_1^3[e_{r_e}^{11}$，$e_{r_e}^{12}]$、$E_2^3(e_{r_e}^{21})$，$e_{r_e}^{12} = e_{r_e}^{21}$，时间关系为 PR（4）；当时间粒度细化为 r_c 时，在粒度约束 r_f 下的三种情况都可能变为 $E_1^4(e_{r_c}^{11})$、$E_2^4(e_{r_c}^{21})$，$e_{r_c}^{11} = e_{r_c}^{21}$，两个地理时间的时间关系变为 PP（2）。在数据库中的情况，不同的时间粒度下查询的结果不同，如表 5 - 8 所示。

表 5 - 8　　　　　　　　　时间粒度变化对查询结果的影响

时间粒度	r_c	r_e	r_f	r_i	r_j
查询时间因子	$t = e_{r_e}^{12}$	$t = e_{r_e}^{11}$	$t = e_{r_f}^{21}$	$t = e_{r_i}^{11}$	$t = e_{r_f}^{11}$
结果	E_1	E_1	E_1 或 E_1、E_2 或 E_2	E_1	E_1

在时态地理信息系统或者时空数据空中，地理事件的线性时间拓扑关系与时间粒度大小具有密切的关系。时间粒度是刻画时间尺度最主要的指标，它不仅决定对地理事件发生过程的描述的详细程度，而且对地理事件线性时间拓扑关系有这决定性的影响。本节对时间的基本元素进行了形式化的定义，在此基础上探讨了地理事件之间的线性时间拓扑关系并进行了形式化描述，对时间粒度变化对地理事件之间的线性时间拓扑关系的影响进行了探讨，并以实例证实了时间粒度变化对地理事件刻画和事件之间关系的影响。随着时间粒度的变化，刻画地理事件的时间特征就发生相应的变化，例如发生在时刻的地理事件由于时间粒度变大，就变化为发生在时间区间的地理事件，同时地理事件之间的线性时间拓扑关系会发生相应的变化，所以时间粒度的大小影响时态地理信息系统或者时空数据库中根据时间进行查询的结果。因此，

在建立时态地理信息系统或者时空数据库时，要根据地理事件发生的时间特征和具体需要选择合理科学的时间粒度。

5.4　地理信息多时间尺度分析的小波变换方法举例

地理信息的采样时间不同，所表达的地理事件及属性变化的发生发展的规律也不同，地理信息多尺度分析是认识其本质规律的主要手段，多尺度分析的方法有很多种，其中小波分析是一种有效的方法。小波分析是 20 世纪 80 年代发展起来的一种信号时、频局部化分析新方法，现在在大气科学、图像分析、语音分析等许多学科领域内取得了大量的研究成果（王文圣、丁晶等，2002）。小波分析的时频局部化功能非常有利于进行地理信息的多时间尺度分析，比如某地气温（简茂球，2006）、降水量（陈敏、张国琏，2007；刘晓云、岳平等，2006）、耕地数量（孙燕、林振山等，2006）、人口出生率、经济增长率、径流量（胡安焱、郭生练等，2006；王文圣、丁晶等，2002）等属性信息的多时间尺度的变化。这里多时间尺度指系统变化并不存在真正意义上的周期性，而是时而以这种周期变化，时而以另一种周期变化，并且同一时间段中又包含各种时间尺度的周期变化。

1. 小波函数

小波函数指的是具有震荡特性、能够迅速衰减到零的一类函数 $\psi(t)$：

$$\int_{-\infty}^{\infty} \psi(t)\,dt = 0 \qquad\qquad (5-3)$$

$\psi(t)$ 也称为基小波，其伸缩和平移构成函数系：

$$\psi_{a,b}(t) = |a|^{-\frac{1}{2}} \psi\left(\frac{t-b}{a}\right) \qquad\qquad (5-4)$$

式（5-4）中，$b \in R$，$a \in R$，$a \neq 0$，$\psi_{a,b}(t)$ 为子小波；a 为尺度因子，反映了小波的周期长度；b 为时间因子，反映了在时间上的平移。

2. 小波变换

若 $\psi_{a,b}(t)$ 是式（5−2）给出的子小波，对于信号 $f(t) \in L^2(R)$，其连续小波变换为：

$$W_f(a,\ b) = |a|^{-\frac{1}{2}} \int_{-\infty}^{\infty} f(t) \Psi\left(\frac{t-b}{a}\right) dt \qquad (5-5)$$

式中，$\Psi(t)$ 为 $\psi(t)$ 的复共轭函数；$W_f(a,\ b)$ 称为小波系数。实际工作中，信号常常是离散的，如 $f(k\Delta t)(k=1,\ 2,\ \cdots,\ N；\Delta t$ 为取样的时间间隔)，则式（5−3）的离散形式的表达式为：

$$W_f(a,\ b) = |a|^{\frac{1}{2}} \Delta t \sum_{K=1}^{D} f(k\Delta t) \Psi\left(\frac{k\Delta t-b}{a}\right) \qquad (5-6)$$

$W_f(a,\ b)$ 是时间序列 $f(t)$ 或者 $f(k\Delta t)$ 的输出，可以同时反映时域参数 b 和频域参数 a 的特性。A 较小时，对频域的分辨率低，对时域的分辨率高，当 a 增大时，对频域的分辨率高，对时域的分辨率低。

3. 时间多尺度分析的小波变换举例（王文圣、丁晶等，2002）

王文圣、丁晶等以长江宜昌站 98 年（1880~1980）年平均径流量利用 Marr 小波变换进行多尺度分析。图 5−7 是宜昌站年径流量的原始数据的标准化处理。

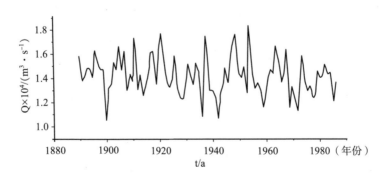

图 5−7　宜昌站年平均流量过程

将标准化年径流量过程 $f(k\Delta t)(k=1,\ 2,\ \cdots,\ 98；\Delta t=1)$ 和 Marr 小波

代入式（5-4），取不同的 a 和 b，计算小波系数 $W_f(a, b)$，$W_f(a, b)$ 随参数 b 和 a 变化。通过绘制以 b 为横坐标、a 为纵坐标的小波系数二维等值线图，进行分析可以得到多尺度的径流变化特征。不同尺度下的小波系数可以反映不同时间尺度下的径流变化特征：正的小波系数对应于丰水期，负的小波系数对应于枯水期，小波系数为零对应于突变点；小波系数绝对值越大，表明该时间尺度变化显著。图 5-8 分别给出了三个主要尺度的小波系数的变化过程。

从图 5-8（a）中可以看出，当尺度为 30~32 时，宜昌站径流存在着 50 年以上的大时间尺度变化，1940 年前雨水较多，而之后雨水减少；对于 12~14 的时间尺度而言，98 年中大约出现了 4 次径流量丰枯的变化；而对于 3~4 的尺度而言，98 年中大约出现了 13 次的丰枯交替。

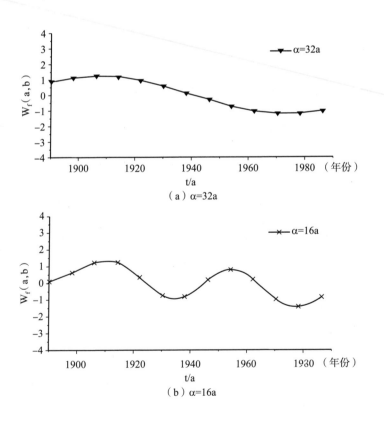

（a）α=32a

（b）α=16a

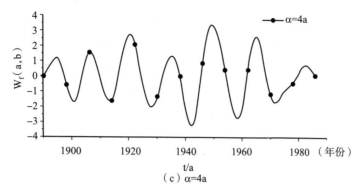

图 5-8　宜昌站年平均流量不同时间尺度下的 Marr 的小波变化系数

资料来源：王文圣等，2002。

5.5　本章小结

本章的主要研究内容如下：

（1）对时间的基本元素的进行形式化定义，主要包括时间粒度、时间单位、时刻、时间段及复合时间段。在地理信息科学中时间尺度的内涵是指对于地理过程及其变化的描述抽象程度，抽象程度主要是由时间尺度的组分来反映的，主要包括时间长度（幅度）、间隔、频度、粒度，它们界定了时间尺度的内涵。对地理事件线性时间关系进行了形式化的描述。地理事件线性关系主要表现为在时间轴上时刻、时间段之间的关系，主要有三种关系：时刻与时刻的关系主要表现为时间轴上点与点的关系，时刻与时间段的关系主要表现为时间轴上点与线段的关系，时间段与时间段的关系主要表现为时间轴上的线段与线段的关系。

（2）时间尺度的变换就是根据已有的时间尺度的地理信息来获得其他时间尺度上的地理信息，或者描述地理信息的时间间隔、频度、幅度、粒度发生了变化。可以分为两种，一种是时间尺度的上推，就是由已知时间尺度的地理信息获得更加概括的地理信息，这样对于地理变化过程的描述更加概括，实质是时间间隔变大，时间粒度变粗；另一种是时间尺度的下推，就是由已知时间尺度的地理信息来获得或者推绎得到更加详细的时间尺度的地理信息，使得对于地理过程（空间和属性）的变化描述更加具体细微，能够反映更加接近于实际情况，实质是间隔变小，粒度变细。

（3）对时间的基本元素进行了形式化定义的基础上，基于集合论对地理事件之间的线性时间拓扑关系进行了形式化描述，并探讨了时间粒度变化对地理事件之间的线性时间拓扑关系的影响，并以实例证实了时间粒度变化对地理事件刻画和事件之间关系的影响。

（4）介绍了小波在多时间尺度分析中的应用，并举了王文圣、丁晶利用长江宜昌站 98 年年径流量变化进行了小波多尺度分析的例子。

第6章　地理信息的语义尺度变换机制

地理信息科学中尺度的维数是地理信息所映射的人们所关注的地理现象本身的特征维在地理信息中的反映。Peuquet 提出了 TRIAD 模型（Peuquet D. J.，1994），认为所有的地理现象均可用属性、空间、时间三者结合来描述，即"what-where-when"三角形模型。实际上，地理信息无论以何种介质来表示，都要表示地理事物现象的时间特征、空间特征，以及地理实体本身区别于其他地理实体的语义特征，因此地理信息抽象程度的刻画必须从三个方面即空间、时间和语义来规范。

地理信息的维数包括空间尺度、时间尺度、语义尺度，它们是刻画地理信息的抽象与详细程度的三个方面。在探讨地理信息科学中的尺度问题时，大多数学者关注的是地理信息的空间、时间尺度，对语义尺度关注较少（李霖、吴凡，2005）。实际上语义尺度也是刻画地理信息抽象与详细程度的重要指标，它通过概念和属性蕴含的语义告诉一个地理实体是什么，具有什么样的性质特征，它不同于空间、时间尺度，但是和空间、时间尺度有着密切的联系。相对于 GIS 中的空间尺度变换一直很受关注来讲，人们或者忽视了语义尺度变换，或者把二者混为一谈。基于此，本章探讨了地理信息语义尺度概念、内涵、表征及其变换机制等相关问题，并根据集合理论对地理信息的语义尺度变换机制进行了形式化描述，对于完善尺度理论体系具有重要意义。

6.1　地理信息科学中的语义尺度及其表征量名

6.1.1　地理信息语义

语言是任意的符号系统，语义是词、短语、符号代表（指称或称为）的事物或意念。语义也可以简单地看作是数据所对应的现实世界中的事物及对象的含义，以及这些含义之间的关系，是数据在某个领域上的解释和逻辑表示，数据是符号系统，符号本身没有任何意义，只有被赋予含义的符号才能够被使用，这时数据就转化成了信息，而数据的含义就是语义。也可以认为，信息语义就是当信息的"语义表达组织"被再认后,在确定理解系统中所获得的符合该消息的解释模型。语义具有领域性特征,不属于任何领域的语义是不存在的。语义类型有指称意义、理性意义、附加意义三种,其中指称意义指用特定的语音形式所指称的内容。这类词义包括起名称作用的"名称意义"和起指示作用的"指示意义"。语义是语言反映人类思维过程和客观实际的方面,是人们对客观事物的反映,不完全等同于客观事物。

在符号学中,所指、概念和符号三者的关系中,符号学三角理论得到了广泛的认可,如图 6-1 所示(Ogden & Richards,1923,1946)。语义就是符号和所指之间的关系。

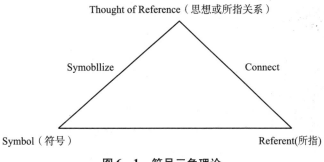

图 6-1　符号三角理论

图 6-1 中 Symbol 是"能指",它与 Reference(物)之间是约定俗成的关系。按照这种解释,世界上的地理事物,每物一符,非常简单。但是地球表面的地理事物是如此的繁多,即使同类的地理事物,有时即使是同样的地理事物之间也存在着数量和性质上的差异,但是符号系统数量不可能是无限的,这样就使符号和所指事物之间不可能是一一对应关系。因此,必须采用概念理论来建立符号和语义之间的关系。索绪尔认为,语符包括"能指"和"所指"两个不可分割的方面,词义就是指"所指","所指"就是概念(刘润清,1988)。这样,符号所表示的就是概念。而对于地理信息的符号系统而言,反映的就是地理事物的概念。概念是一个抽象的,它包括的内容是一类事物的主要特征,具体的地理事物就在概念的包容之中。这样,通过概念就可以把地理事物及其属性进行详细的分类。地理信息的符号系统是与描述地理事物的详细程度相联系的。

实际上在地理信息科学中，地理信息语义就是地理信息所表达的地理事物实体及其属性的具体含义，而这些是通过地理概念系统来表达和显示的。在地理信息科学中，地理信息语义的载体是地理数据，显示出来就是符号系统，注记和图例具有语义的指示意义。

6.1.2　语义尺度的内涵及其表征

地理信息科学中尺度的维数是地理信息所映射的人们所关注的地理现象本身的特征维在地理信息中的反映。地理信息的时间尺度和空间尺度分别指在观察或研究某一地理现象时所采用的空间或时间尺度限定，通常指某一现象或过程在空间和时间上所涉及的范围，同时也包括空间与时间的间隔、频率、粒度（分辨率）等。空间尺度和时间尺度主要是通过测度获得的定量数值来表征的。空间幅度的范围是通过面积来表示的，空间粒度主要是通过面积和长度的大小来表示的，另一个表示空间尺度的量是比例尺。时间尺度通过长度和间隔来表征。语义尺度与空间尺度和时间尺度的表征上有着很大的区别。

地理信息语义尺度是指地理信息所表达的地理实体、地理现象组织层次大小及区分组织层次的分类体系在地理信息语义上的界定和规范。语义粒度和分辨率是刻画地理信息语义尺度的主要指标，有的学者认为在地理信息数据库中粒度和分辨率的意义是不相同（Honsby，1999），分辨率是指信息表达的细节的数量方面，而粒度涉及要素选择的认知方面。它们都反映了对某类地理目标的抽象与详细程度，语义粒度（语义层次树的叶结点）表明了地理信息数据库中所能表达的语义层次中的地理实体类及其属性的级别，语义的层次性是指实体及属性描述中的类别和等级体系。比如在语义层次上城镇的分类有特大城市、大城市、中等城市、小城市、县城、镇等。

语义分辨率是在语义层次、类别上划分的最小粒度，有三种语义分辨率（艾廷华，2005）：①集合语义分辨率，表现的是地理事物抽象分类层次与类别体系，类别划分越详细分辨率越高；②聚合语义分辨率，反映的是地理事物构成的部分，构成的部分描述越详细分辨率越高；③次序语义分辨率（等级关系），反映的是地理信息中地理事物的等级层次，等级层次越低语义分辨率越高。空间尺度和时间尺度主要是通过测度量和比例量来表征的，比如空间幅度的范围是通过地理信息所表达的面积来表示的，空间粒度主要是通过面积和长度来表示的，而比例尺则是比例量。语义尺度的表征主要是通过定名量和定序量来表征的。

语义尺度常用的测度尺度是定名量，定名量就是地理事物及其属性的类名和实体名，类名和实体名体现了地理事物及属性概念的具体化（李霖、朱海红等，2008），显然能够表达的地理实体的类名越具体详细，尺度越细微。定名量是根据地理事物的固有特征进行区分时采用，只涉及定性关系而不涉及定量关系。如表6-1所示，定名量就是地理事物及其属性的类名和实体名，类名和实体名体现了地理事物及属性概念的具体化与实例化，显然能够表达的地理实体和类名越具体详细，尺度越细微。定序量表征地理实体及其属性的等级序列，是按照某一标志排列成序列，表达为一个等级，它本身隐含定名分类，但是增加了重要与次要、大小、优劣等相对信息。如土地的分等定级：一级地、二级地、三级地等，显然能够表征的等级越低，等级划分越详细，语义尺度越精细。语义尺度具有明显的等级层次性。

表 6-1　　　　　　　　**时间尺度、空间尺度与语义尺度的表征量名**

尺度	表征量名	例子
时间尺度	测度量	时间长度：年、月、日、时、分、秒
	比例量	速率，如米/秒
空间尺度	测度量	面积、长度
	比例量	比例尺，如 1:100000
语义尺度	定名量	地理事物的名称，如河南省、泌阳县
	定序量	地理事物的等级序列，如一级地、二级地，三级地等

6.1.3　地理信息语义分辨率

语义粒度和分辨率是刻画地理信息语义尺度的主要指标。有的学者认为在地理信息数据库中粒度和分辨率的意义相同（Stell & Worboys，1998），但是使用习惯不同。它们都反映了对某类地理目标及其属性定性描述的抽象程度，语义粒度表明了地理信息数据库中所能表达的语义层次中的地理实体类

及其属性的最低级别。与语义粒度相联系的是语义层次性，语义层次性是指
由于对实体及属性描述抽象程度不同而构成一个从高到低的等级体系。语义
分辨率是在语义层次、类别上划分的最小粒度，有两三语义分辨率（艾廷
华，2005）：①集合语义分辨率；②聚合语义分辨率；③次序语义分辨率。集
合语义分辨率，表现的是地理事物及其属性的抽象分类层次与类别体系，反
映的是地理实体及其属性之间的类与超类（is-kind-of），类别划分越详细分辨
率越高。如图6-2所示以土地利用为例，从上到下土地利用的种类划分越来
越详细，而从下到上分类越来越概略，从上到下土地利用类型可首先分为农
业用地、建设用地、未利用地，再向下分类，农业用地可细分为耕地、园地、
林地、草地及其他用地，耕地还可再分为水田和旱地。园地、林地、草地和
其他用地也可以划分为更为详细的类型。同样，建设用地和未利用地也可以
向下细分。这样类型的划分越详细语义分辨率越高，对地理事物的表达就越
准确。

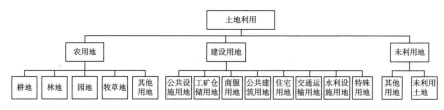

图6-2　集合语义分辨率

聚合语义分辨率，反映的是地理事物整体—部分构成情况，构成的部分
描述越详细分辨率越高。聚合语义分辨率主要表示了整体—部分关系（is-
part-of），is-part-of关系指的是几个对象聚合成一个新对象所形成的关系。如
图6-3所示，从上而下，医院的构成大致可以划分为病房区、内部道路、门
诊区和绿化地等几部分，再向下病房区又可以具体化为住院楼1、住院楼2。
在一定比例尺上显示的医院只能显示这是医院，而不能表达其内部结构，随
着比例尺的增大，空间上可以细化，与此同时在语义上也需要把医院分为更
为详细的几个部分。语义分辨率往往受空间分辨率的制约，空间结构上不能
细化，其构成部分缺乏表达的载体或者说指称的对象，其语义也不能详细地
表达。

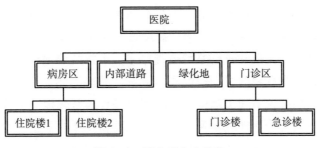

图 6 - 3　聚合语义分辨率

次序语义分辨率（等级关系），反映的是地理信息中的地理事物的等级层次，等级层次越低语义分辨率越高。例如公路等级可分为高速公路、国道、省道、县道、乡道、一般道路等，等级上显然高速公路等级最高，然后是国道、省道、县道、乡道和一般道路。地理信息中能表达的地理事物的等级越低，说明次序语义分辨率越高。

6.1.4　语义尺度和空间尺度、时间尺度的关系

尺度通常即指研究的范围，也指研究的细节层次（Goodchild M. F.，Quattrochi D. A.，1997）。从尺度的含义上看，尺度在地理信息中表现为空间范围和细节的可变性、时间上的可扩展性和语义上属性内容的可聚（合）分（解）性。地理信息语义尺度与时间、空间尺度有着密切的联系，空间结构与语义一致性是空间数据表达的内在要求，语义尺度的刻画受到时间和空间尺度的制约。语义尺度对于空间尺度具有依赖性，一般来讲，在空间上表达的越细微，地理实体及属性类型也可以表达得越详细，语义粒度越小，语义分辨率也越高。比如，在从小比例尺到大比例尺的尺度变化过程中，语义层次逐渐细化，以地图上显示的城镇和居民地为例，在 1∶250 万比例尺的地图上可以显示县级政府所在地以上行政级别的城市，1∶50 万比例尺的地图可以显示行政村以上级别的居民地，1∶10 万比例尺的地图可以显示自然村及其以上的居民地。再从 1∶250 万到 1∶10 万的比例尺的空间空间分辨率增加的过程中，语义分辨率增加，显示更加详细的居民地的信息。

通常来讲，大幅度的地理数据在空间上表现为范围较大，时间上一般相

对于共同参照有较长的过程，语义上是表现为反映地理现象和过程的主要级别较高的地理实体及属性整体性的、抽象的大致轮廓和趋势，概括层次较高，受载体容量的限制，反映较概略的地理信息；小幅度的地理数据，在语义上则反映地理过程和现象的级别较低的实体及其属性的详细、具体的内容，具有较低的语义层次，空间上范围小，时间上过程通常较短。中等尺度则为一种过渡尺度。宏观的地理现象受各种表达介质和媒体的限制一般只能用小比例尺的地图来表示，而采样时的粒度也比较大，间隔较大，而微观地理现象则相反。语义尺度受空间尺度制约，但不等同于空间尺度，有时在时间尺度和空间尺度相同的情况下语义分辨率不同。图6-4中（a）（b）（c）三个图的空间尺度完全相同，即在比例尺、空间幅度、空间粒度几个方面都相同，但是在语义方面却体现出不同的抽象程度的三个层次。在图（a）中地块Ⅰ、地块Ⅱ、地块Ⅲ、地块Ⅴ种植粮食作物，地块Ⅳ、地块Ⅶ、地块Ⅷ、地块Ⅸ种植经济作物；在图（b）中粮食作物的语义具体化为地块Ⅰ、地块Ⅲ种植豆类作物，地块Ⅱ、地块Ⅳ种植谷类作物，地块Ⅴ、地块Ⅵ种植纤维作物，地块Ⅶ、地块Ⅷ种植油料作物；在图（c）中，更一步具体化为地块Ⅰ、地块Ⅱ、地块Ⅲ、地块Ⅴ、地块Ⅳ、地块Ⅵ、地块Ⅶ、地块Ⅷ、地块Ⅸ分别种植大豆、玉米、绿豆、高粱、亚麻、苎麻、芝麻和花生。

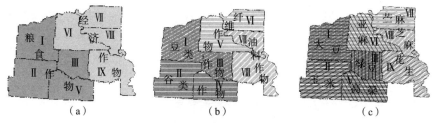

图6-4　空间尺度相同而语义尺度不同

6.2　地理信息科学中的语义尺度和地理本体的关系

6.2.1　地理本体与本体驱动的地理信息系统

本体论原本是一个哲学基本问题，指关于存在及其本质和规律的学说，后被用于研究实体存在性和实体存在的本质等方面的通用理论。"本体作为哲学的分支，是关于现实世界的每个领域的对象、属性、关系的结构和种类的科学"（Mark D. M.，Smith B.，Egenhofer et al.，2004）。应用于某一具体的领域，主要探索以形式化的术语描述该领域的要素及其本质，一个领域的本体以形式化的词汇描述该领域的事实的构成要素（Guarino N.，1998）。简单地讲，本体探索描述实体的分类，信息系统需要对实体进行分类，这样才能实现各自建立的信息系统之间满足互操作。一个完整的地理本体应该定义地理对象、领域、空间关系、过程和地理种类。本体是运用具体的词汇来描述现实世界一定视角下的实体、类、性质和功能，把一定本体应用于实际的信息系统，产生本体驱动信息系统，应用于地理信息系统，就是本体驱动的地理信息系统。实际上，地理信息中的每一个信息都是本体驱动的，每个地理信息系统都有自己的本体。

6.2.2　语义尺度与地理本体的关系

Frederico Fonseca（2002）等曾经探讨过本体驱动的地理信息系统中语义粒度的变换。语义层次的粒度是与地理信息系统本体水平相联系的，语义粒度表达所描述的地理事物的详细程度。低层次的地理本体类表示具有较高细节的、更为具体地理信息，高层次的地理本体类表示具有更一般意义、较为抽象的地理信息。图 6 - 5 以地理信息系统中交通线为例，说明了地理本体与语义尺度的关系。

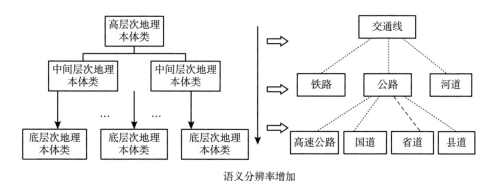

图 6 - 5　地理本体与语义尺度的关系

如图 6 - 5 所示，交通线是与高层次的本体相联系的，它是由铁路、公路、河道等构成。从抽象的程度来讲，交通线显然比铁路、公路、河道更抽象，铁路、河道、公路是与中间层次的本体相联系的，高层次的本体与中间层次的本体之间的关系从分类上来讲，是超类与类之间的关系。在从交通线分解为铁路、公路、河道的过程中，语义粒度变小，对于地理实体类与语义的描述更具体。而公路又可以分为高速公路、国道、省道、县道等，这些是更低层次的地理本体类，显然是公路这个交通线类的亚类，它不仅描述了公路的共同特征，同时又有其本身的具体特征。在从公路到高速公路、省道、国道、县道的过程中，语义分辨率进一步增加。

6.2.3 基于形式化本体的地理信息语义相似度计算

地理信息的语义相似度指的是地理空间实体类型之间语义的邻近程度或接近程度，或者也可以说是两个地理概念的相似程度，可以用 0 ~ 1 之间的数值表示。1 表示两个实体类型语义相同，0 表示两个实体类型的语义完全不同。相似度越靠近 1，表明两个实体类型越相似。语义相似度是对语义相似性的定量表示，语义相似度计算是信息检索、数据挖掘、知识管理等领域的基本问题，基于语义相似度计算构成地理本体层次树是地理信息语义多尺度表达的基础。地理信息本体（Geo-ontology）是研究地理信息科学领域内不同层次和不同应用方向上的地理空间信息概念的详细内涵和层次关系，并给出概念的语义标识。形式本体指用逻辑进行系统的、形式的和公理的方法对事物存在形式和方式的逻辑进行开发的方式（Guarino N.，1998）。

根据地理对象的特点，将地理概念用一组结构化的属性组表示，取代文字描述，是实现概念表示形式化的有效途径。这里以土地利用为例考虑其发生、形态、功能以及所在地理信息领域的特性，按照一般顶层本体的组织原理，可以将具有土地利用概念本体性质的属性类型归纳如下：用途、覆盖物、覆盖物特点、经营特点、载体、利用状态、区位、自然条件。因此，将一个地理概念语义 G_c 定义为

$$G_c = (c, \{a_i\}) \tag{6-1}$$

其中，c 为概念术语，$\{a_i\}$ 为表示概念的本体属性。考虑到实体类型的性质对实体类型的重要性是不同的，因此在计算两个实体类型 A、B 的语义相似度时，分别计算 A、B 在同一个性质 a_i 上的语义相似度 S_i，然后确定 S_i 的权重 ω_j，根据公式

$$S(C_A，C_B) = \sum_{i=1}^{n} W_i S_i(C_A，C_B) \tag{6-2}$$

（1）计算两个实体类型 A、B 的语义相似度。（1）其中，$W_j \in [0，1]$，所有权重之和为 1，权重可以由专家给出。表 6-2 给出了园地和耕地在几个属性上都为真值（0 为假，1 为真）的情况：

表 6-2 园地与耕地的共有属性

属性	用途	覆盖物	覆盖物特点	经营特点	载体	利用状态	区位	自然条件
园地	1	1	1	1	1	0	0	0
耕地	1	1	1	1	1	0	0	0

同一个性质 a_i 上的语义相似度 S_i 的计算，把一个属性分解为几个更为单一的功能和属性，权重通过专家打分的方法计算：

$$S_{a_i}(C_A，C_B) = \sum_{j=1}^{n} b_j w_j \tag{6-3}$$

例如耕地和园地用途的计算，分为两个方面：①生产内容蔬菜、粮食、经济作物（权重 0.5，相似性 0.75）；②满足人的需求（权重 0.5，相似性 0.75）。计算它们的相似性为 0.75，同样的方法计算覆盖物、覆盖物特点、经营特点、载体几个属性的相似性分别为 0.8、0.8、1、1，从而计算出总的相似性为：

$$
\begin{aligned}
S(C_A，C_B) &= \sum_{i=1}^{n} W_i S_i(C_A，C_B) \\
&= 0.2 \times 0.75 + 0.2 \times 0.8 + 0.2 \times 0.8 + 0.2 \times 1 + 0.2 \times 1 \\
&= 0.87
\end{aligned}
$$

园地和耕地的语义相似性为 0.87。

6.3 地理信息科学中语义尺度的变换机制及其形式化描述

地理信息的语义维是用来刻画地理信息描述的地理实体及其属性的详细状况的。语义尺度与空间尺度紧密联系，具有确定的时间特征。语义具有明显的层次性，语义层次反映了在地理信息学科中不同抽象程度，地理实体及其属性的相互连接关系。语义层次反映了在地理信息科学中地理实体及其属性的相互之间的内在关系。地理信息的语义尺度变换就是地理信息所表达的地理对象及其属性的抽象程度的变化。像空间尺度和时间尺度的变换一样，地理信息科学中语义尺度变换也分为尺度上推和尺度下推。

语义尺度上推是指具有较多的细节描述的语义层次向概略的语义层次的变换，语义粒度变大，对地理事物、实体及其属性的表达更粗略，概念更笼统，类别更简略，层次减少，我们可以称为语义综合，又称为概括；语义尺度下推相反，由概略的语义层次向详细的语义层次的变换，语义粒度变得细微，地理实体及其属性表达的更准确，分类更细，对地理事物的表达更具体，称为细化。实质上来讲，概括就是类的归类、聚合和等级层次的减少，而细化就是分类、分解和等级层次的增加。在地理信息科学中语义尺度的变换可根据地理实体及其属性之间的关系分为三种情况，等级关系的语义层次尺度变换、分类关系的语义层次变换和构成关系的语义层次变换。其中分类关系和构成关系也是地理知识表达的主要形式（Mennis J. L.，Peuquet D. J. et al.，2000）。

6.3.1 分类关系的语义尺度变换及形式化描述

分类关系反映的是地理实体及其属性之间的 is-kind-of 关系，is-kind-of 反映了类和超类之间的关系。分类是将对象按其公共特性归入不同的类，不同的类具有不同的性质和特征，最后构成一个分类层次结构。与分类相反的是聚类，是从具有共性的类中抽取共有属性或一般特征建立高层次类的过程。如图 6 - 6 所示以土地利用为例,从上到下土地利用的种类分的越来越详细,而从下到上分类越来越概略,从下到上是语义层次的尺度上推,是聚类;反之则是尺度的下推,是分类。首先从上到下土地利用类型可分为建设用地、农业用地、未利用地;再向下进一步分类,农业用地可细分为耕地、园地、林地、草地及其他用地,耕地可分为水田和旱地,相反从下到上则是聚类。

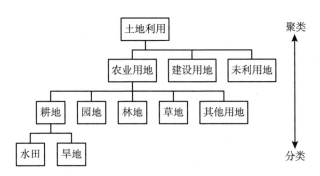

图 6 - 6 分类关系的语义层次变换

由于分类关系反映的是地理实体及其属性之间的 is-kind-of 关系,is-kind-of 反映了类和超类之间的关系(属种关系),相对于表达种属关系的词汇语义关系来讲就是上下义关系。集合语义分辨率是描述基于分类关系的地理信息的语义抽象程度的。分类关系的地理信息语义尺度变换是通过聚类和分类来实现的。分类是将对象按其公共特性归入不同的类,不同的类具有不同的性质和特征,最后构成一个分类层次结构。与分类相反的是聚类,是从具有共性的类中抽取共有属性或一般特征建立高层次类的过程。用大写字母 A、B、C、……表示类(概念),用小写字母 a、b、c、……表示概念的属性,ext(A) 表示 A 的所有实例,则一类地理对象与属性类概念可定义为:

$$G_C(A, \{a_1, a_2, \cdots, a_n\}, ext(A))(n \in N^+)$$

其中 $a_1 \cap a_2 \cdots \cap a_n = \emptyset$,A 为类(概念)术语(词语),$\{a_1, a_2, \cdots, a_n\}$ 为表示类(概念)的本质属性集,ext(A) 表示 A 的所有实例,则其一子类 A_i 可定义为:

$$G_C(A_i, \{a_1, a_2, \cdots, a_m\}, ext(A_i)), (j, m \in N^+)$$

其中 $a_1 \cap a_2 \cdots \cap a_m = \varnothing$，且 $\sum\limits_{i=1}^{n} a_i \subset \sum\limits_{j=1}^{m} a_j$，也就是说 A 类的属性集合是其子类的属性集合的子集。

定义 1　如果类 A_i 称为类 A 的子类，当且仅当 A_i 的所有实例都是 A 的实例，即 $ext(A_i) \subseteq ext(A)$。

定义 2　如果 A_1，A_2，$\cdots$，A_k 是 A 的子类，$\forall i, j (i \neq j, i, j = 1, 2, \cdots, k)(i, j, k \in N^+)$，$ext(A_i) \cap ext(A_j) = \varnothing$，且 $ext(A_1) \cup (A_2) \cup \cdots \cup (A_1) = ext(A)$，称 A_1，A_2，$\cdots$，A_n 是 A 的一个完全覆盖部分。

定义 3　$G_C(A_i, \{a_1, a_2, \cdots, a_m\}, ext(A_i)) \xrightarrow{f} G_C(A, \{a_1, a_2, \cdots, a_n\}, ext(A))$ 表示一个地理实体的表征由一个地理概念表示为另一个更为抽象的地理概念，称为地理信息的语义尺度上推，或称为语义概括；同理用

$$G_C(A, \{a_1, a_2, \cdots, a_n\}, ext(A)) \xrightarrow{f^{-1}} G_C(A_i, \{a_1, a_2, \cdots, a_m\}, ext(A_i))$$

表示一个地理实体由一个地理概念转换为另一个更为详细的地理概念，称为语义尺度下推，或称为语义聚类，f、f^{-1} 为尺度变换的函数。分类关系的语义尺度变换包括以上两种情况，其实质是类与超类之间的相互转换。实际上，A 类上面还可能有其父类，而同样 A_i 下面还可能有其子类，依次类推，形成一个树状嵌套的结构。在分类关系中，子类和超类之间没有功能上的联系。

6.3.2　构成关系的语义尺度变换及形式化描述

构成关系反映的是一个地理实体由不同的几个部分组成。构成关系的语义尺度变换的实现可以分为相反的两种操作聚合和分解。如图 6-7 所示，聚合是将不同特征的对象组合成一个更高级对象的过程。与聚合相反的是对象分解，即是把一个较高级的对象分解为几个不同的构成部分。组合生成的对象成为复合对象（composite object），聚合对象主要表示了部分关系（is-part-of），is-part-of 关系指的是几个对象聚集合成一个新的对象的过程所形成的关系。

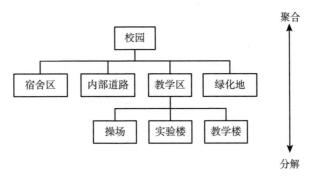

图 6 – 7　构成关系的语义层次变换

　　如图 6 – 7 所示，由上向下校园分解为宿舍区、内部道路、教学区、绿化地等部分，对于校园的描述和表达就具体一些，再向下教学区可分解为操场、实验楼、教学楼等，描述愈加详细；而向上的过程则相反。

　　构成关系就是部分—整体关系，它反映的是一个地理实体由不同的几个部分组成，整体具有管理和控制部分对象的功能，对象和整体之间在语义上主要体现的是一种结构和功能上的联系。构成关系的语义尺度变换的实现是通过相反方向的两种操作聚合和分解来完成的。聚合是将不同特征但内在结构和功能紧密联系的几个对象组合成一个更高级对象的过程，从语义变换上讲，这样会使表达更简略概括，生成更高级的对象。与聚合相反的是对象分解，即把一个较高级的对象分解为几个基本的构成部分。组合生成的对象成为复合对象（composite object），聚合对象主要表示了部分关系（is-part-of），is-part-of 关系指的是几个对象聚集合成一个新的对象的过程所形成的关系。整体对象的存在依赖于部分对象的存在，反过来部分对象的存在也依赖于整体对象的存在。整体对象和部分对象之间存在着属性上的语义传播和功能上的相互依赖。对于任意的地理整体类 W，ext(W) 表示其实例的集合，A(W) 表示其属性的集合，$F(W) = \{f_{w1}, f_{w2}, \cdots, f_{wk},\}$（$k \in N^+$）表示其功能的集合，则这一整体类概念及其属性和功能可以表示为：

$$G_C(W, ext(W), A(W), \{f_{w1}, f_{w2}, \cdots, f_{wk},\})$$

其中，W 为一整体类（概念）术语（词语），ext(W) 为所有实例的集合，A(W) 为所有属性的集合，$\{f_{w1}, f_{w2}, \cdots, f_{wk},\}$ 为这一整体类的功能集，其中 $f_{w1} \cap f_{w2} \cap \cdots \cap f_{wk} = \varnothing$，我们用 P_i 表示这一整体类的一个部分类，这部分类

179

可定义为：

$$G_C(P_i, \text{ext}(P_i), A(P_i), \{f_{P_{i1}}, f_{P_{i2}}, \cdots, f_{P_{ih}}, \})(i, h \in N^+)$$

其中，$\text{ext}(P_i)$ 表示这部分类的实体集，$A(P_i)$ 表示其属性集，$\{f_{P_{i1}}, f_{P_{i2}}, \cdots, f_{P_{ih}}, \}$ 表示其功能集。

定义1 如果对于一个整体类实例 W，P_n 是其中一个构成部分，对于所有的构成部分有

$$W = P_1 \cup P_2 \cup \cdots \cup P_n (n \in N^+)，且 P_1 \cap P_2 \cap \cdots \cap P_n = \varnothing，则称 P_1，P_2，\cdots，$$
P_n 为 W 的一个完全结构部分。

定义2 $G_C(W, \text{ext}(W), A(W), \{f_{w1}, f_{w2}, \cdots, f_{wk}, \}) \xrightarrow{g} G_C(P_i,$
$\text{ext}(P_i), A(P_i), \{f_{P_{i1}}, f_{P_{i2}}, \cdots, f_{P_{ih}}, \})$ 表示一个整体类地理实体的表征被表示为另外几个更为具体的构成该类的实体的几个完整的部分，称为语义分解；

$$G_C(P_i, \text{ext}(P_i), A(P_i), \{f_{P_{i1}}, f_{P_{i2}}, \cdots, f_{P_{ih}}, \}) \xrightarrow{g^{-1}} G_C(W, \text{ext}(W),$$
$A(W), \{f_{w1}, f_{w2}, \cdots, f_{wk}, \})$ 聚合成一个有机的整体，称为语义聚合，g 与 g^{-1} 是尺度变换的函数。需要说明的是在整体与部分的聚合与分解的变换过程中，某些时候整体是另一个更大整体的一部分，而部分也可视为一个整体在划分为更为细小的部分。

6.3.3 等级关系的语义尺度变换

等级关系反映的是地理实体和属性之间的等级层次关系，实际上是一种 is-prior-to 关系，表现为一种地理事物重要性优于另一种地理事物。地理事物根据其重要性可分为从高到低的等级关系。如图 6-8 所示，以我国的公路等级为例，从左到右公路的等级层次增加，可以显示等级较低的地理实体及其属性，而从右到左则是等级层次的减少，只能显示高等级的地理事物。在左边第一列，只能显示主要的国道，向右而随着比例尺增大，可以显示公路等级越来越低的道路。最右边一列细微的语义可以显示乡道和专用道，而在左边第一列只能显示国道，显然在小比例尺地图上是不能显示低等级的道路的，从左到右是语义层次的尺度下推，而从右到左则是语义层次的尺度上推。

图 6-8 等级关系的语义层次变换

6.3.4 分类关系与构成关系语义尺度变换的函数探讨

在语义层面上，几个地理对象可在不同的抽象层次下，基于不同的语义准则，聚合成新的复合要素，低层抽象对象的属性值比高层对象的属性值更准确，这主要是基于人们对客观世界的抽象程度是不同的。地理信息分类关系与整体—部分关系是截然不同的。对于分类关系的两个类别，父类具有的属性其子类都必然具有，例如，父类"河流"具有的属性，其子类"自然河流"都必然具有。但是在整体与部分的关系中，整体具有的属性，部分并不一定具有，比如"北京市"与"海淀区"，北京市具有"是国家首都"这种属性，"海淀区"就不具有，另外整体的功能部分不一定具有，但是部分在整体的功能中发挥一定的作用，同样的例子如"河流"与"河床""河堤""河流"具有航运的功能，但是"河床""河堤"就不具有。地理信息的语义尺度变换中分类关系的变换函数（变换规则）与构成关系是不相同的。分类关系的语义尺度下推主要依据是父类集合中实体的某个或者一些定量和定性的属性根据需要把父类的个体分成若干个子类，当然子类可以再分，下推的变换函数 f 的不同，导致结果的不同，变换函数 f 的本质是一个分段函数。分类关系的语义尺度上推实际是聚类，聚类函数 f^{-1} 的实质是一个距离函数。例如一个父类 A，可以根据不同的变换函数做由上而下的语义剖分划分出子类 A_1、A_2、A_{11}、A_{12}、A_{21}、A_{22}（A_1、A_2、A_{11}、A_{12}、A_{21}、A_{22} 为类概念名），或者 $A(1)$，$A(2)$，$A(3)$（$A(1)$，$A(2)$，$A(3)$ 为类概念名），如图 6-9 所示。

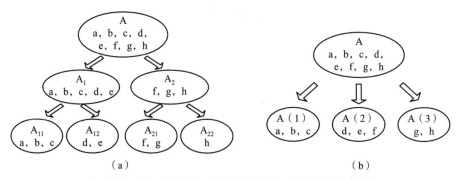

图 6 – 9 两种不同的语义变换函数得出的不同语义划分

构成关系（整体—部分）反映的是事物之间一种本体论意义上的联系，分类关系则是一种逻辑上的联系。构成关系的语义尺度下推的根据是构成整体的各部分的结构与功能在整体中作用及其内在联系。整体的功能可能不止一种，也可以根据不同的函数有不同的划分（整体的不同功能及部分在整体不同功能中发挥的作用），也可以有不同的划分。各个部分之间主要体现出一种结构和功能上的内在有机性。

尺度问题一直是地理信息科学的一个核心的理论和技术问题。地理信息语义尺度、空间尺度、时间尺度是构成地理信息尺度抽象的三个方面，它们各不相同，但关系密切。借鉴语言学、逻辑学、代数方法等对地理信息的语义尺度问题进行了探讨，定义了语义尺度概念的内涵，指出了语义尺度的表征量名，探讨了语义尺度和空间尺度及时间尺度的关系，在地理信息科学中根据地理实体及其属性之间的语义关系提出了语义尺度变换机制的三种情况，等级关系、分类关系构成关系的语义尺度变换，利用代数方法进行了形式化的描述，并探讨了后两种不同的变换函数及其区别。这对于完善和发展地理信息科学中的尺度理论体系具有一定意义。本章仅对语义尺度的变换相关问题做了初始性的探讨，诸如空间尺度、时间尺度与认知需求相匹配的语义变换函数等诸多问题还需要进一步的探讨。

6.3.5 语义尺度变换与空间、时间尺度变换的关系

语义的尺度变换与空间尺度变换有着密切的关系，从根本上讲，空间尺

度上推，受图幅的制约，语义尺度则变得简略，层次减少，对与具有类别关系的地理事物，出现子类合成为父类，类别更为概括；对于聚合关系的地理对象，部分在空间上聚成整体，各部分在空间上不再存在，则在语义上各部分也聚合成一个整体，语义层次减少，变得更为概略；对于等级关系的地理事物，则只能显示高等级的地理事物，低等级的地理事物被舍去，不再选取。根本原因一方面在于显示空间的减少，人们在图上无法显示次要地理事物的空间形态，另一方面在于无法通过注记、符号建立所指与被指的关系。语义尺度对于空间尺度具有很强的依赖性，但是也具有相对的对立性，在一定的范围内，空间发生变化的同时语义会保持相对的稳定性。在不超过一定的阈值时，语义不会发生变化，这就是一个地理事物的多尺度表达。另外，空间形态不发生或者发生不明显变化的情况下，语义会发生变化，比如一个地理事物的性质发生了变化，如一条生态健康的河流变成了污染的河流，空间形态没有变化，而语义发生了变化。

时间尺度变换对于语义尺度的变换也有重要的影响。时间尺度变换主要是通过时间尺度对于空间尺度变换的影响来实现的。显然当时间尺度变得细微的时候，也就是说时间粒度变小，如果空间粒度过大，有时会出现空间上变化不被反映出来的情况。同样的道理，时间粒度发生变化，间隔变小，频度增加，这样地理信息的细微的性质变化就应该能反映出来，语义尺度相应的也变得要细微一些。空间尺度、时间尺度、语义尺度变换之间有着内在的关系，在变换的过程中应该相互协调。

6.4 本章小结

本章的主要研究内容如下：

（1）地理信息语义是地理信息（数据）所对应的现实世界中的地理事物所代表的含义，以及这些含义之间的类属关系。语义尺度是指地理信息所表达的地理实体及其属性类别、地理现象组织层次详细程度，其实质是区分组织层次的分类体系在地理信息语义上的抽象程度。它反映了对客观现实世界地理实体及其属性类别的认知的详细程度。地理信息的语义尺度的表征量名一般是通过定名量和定序量，而地理信息的时间尺度和空间尺度的表征量名则通常是通过测度量和比例量。

（2）借鉴语言学、逻辑学、代数方法等对地理信息的语义尺度问题进行了探讨，定义了语义尺度概念的内涵，指出了语义尺度的表征量名，探讨了语义尺度和空间尺度及时间尺度的关系。地理信息的语义尺度与空间尺度、时间尺度之间有着密切的关系，一般来讲，空间尺度对于语义尺度有着极大的影响，决定着语义详细程度，空间尺度越细微，语义尺度也越细微，但是存在着空间尺度相同而语义尺度不同的现象。在一般情况下，时间尺度越概括，语义尺度也越概括。

（3）阐述了语义尺度和地理本体之间的关系，语义层次的粒度与地理信息系统本体水平相联系，低层次的地理本体表示更为具体的、更为精细的地理信息语义，而高层次的地理本体表示更加抽象的、一般意义的地理信息语义。

（4）提出了地理信息科学中的语义尺度的变换机制。地理信息科学中的语义尺度变换应该包括三种类型，等级关系的语义尺度变换、构成关系的语义尺度变换和分类关系的语义尺度变换，分别探讨了这三种语义尺度变换的机制，并利用集合论方法进行了形式化的描述，并探讨了分类关系、构成关系两种不同的变换函数及其区别。

第7章 总结与展望

尺度问题是许多学科都关注的问题，对于地理信息科学来讲尤其重要，尺度问题一直都受到地理信息科学工作者的重视。尺度是地理信息一种固有的本质属性，尺度问题是当前地理信息科学研究的核心内容之一，因此尺度问题的探讨对于地理信息科学的发展具有重要的理论和实践意义。本书在借鉴其他学科和地理信息学科中已有研究成果的基础上，对尺度问题的概念体系进行了新的审视，并在此基础上着重探讨了地理信息科学中的尺度变换机制问题。

7.1 总   结

本书的主要研究内容如下：

（1）介绍了地理信息科学提出的背景、发展情况，阐述了人们对地理信息科学的概念及学科体系的探讨——三种主流观点的地理信息科学，着重探讨了尺度问题在地理信息科学中的理论意义与实践价值。

（2）讨论了尺度在社会中的广泛含义，尺度描述、判断和界定事物，它是人们认知和测度的标准。综述了尺度及尺度变换在地理信息科学、地理学、遥感、水文学等学科的研究现状，并对地理信息科学研究中存在的尺度及其变换问题进行了分析。

（3）提出并阐述了地理信息科学中尺度的三重概念体系，即尺度的种类、尺度的维数、尺度的组分。论述了地理信息的尺度特性，指出了地理信息科学中尺度变换的类型和含义。根据地理信息在获取、处理、传输、表达和分析中尺度显现的基本规律，将地理信息的尺度特性概括为尺度依赖性、空间形态可分性与可聚合性、语义层次性与语义联通性、尺度不变性、尺度一致性，并对其具体内涵进行了探讨。

（4）介绍了地理信息的获取和表达模型，根据建模特征可以分为基于对象模型的地理信息和基于域模型的地理信息。阐述了地理细节层次的含义及其的刻画与空间幅度、粒度（分辨率）、间隔、频度、比例尺等的密切关系，论述了这些要素对于描述地理信息细节层次的影响。阐述了地理信息空间尺度变换的类型，把其分为空间尺度上推和空间尺度下推，提出了基于对象模型的地理信息的空间尺度变换机制和基于域模型的地理信息的空间尺度变换机制。讨论了刻画地理信息尺度的要素，这包括比例尺，粒度、频度、间隔、比率等，在此基础上详细探讨了空间粒度，把空间粒度分为空间大小粒度、空间特征粒度、空间方向粒度、空间关系粒度、空间距离粒度五类，定义了其概念，界定了其内涵。

（5）研究了地理目标空间形态的尺度变换机制，把地理目标空间形态变换主要分为渐变和突变，并根据形式化理论对面、线、点目标的拓扑关系尺度变换机制进行了形式化描述，提出了线状目标相似性的定义，把线状目标的相似性定义为长度相似性与形状相似性的积，并给出了计算线状目标空间形态相似性的计算方法。

（6）在对时间的基本元素进行形式化定义的基础上，对地理事件线性时间拓扑关系进行了形式化的描述。指出在地理信息科学中，时间尺度的内涵是指对于地理过程、地理实体的空间及其属性随时间变化的描述的抽象程度，这主要是通过时间尺度的组分即时间长度（幅度）、间隔、频度和粒度来刻画的。阐述了时间尺度的类型和变换机制。在时态地理信息系统中，地理事件的线性时间关系与时间粒度大小密切相关。在前两者的基础上，探讨了时间粒度变化对地理事件之间的线性时间拓扑关系的影响机制。研究表明时间粒度的变化对地理事件之间的线性时间拓扑关系有着决定性的影响。

（7）界定了地理信息语义、地理信息语义尺度的含义，探讨了语义尺度的表征量名，并在此基础上探讨了地理信息语义尺度与空间尺度和时间尺度的关系，阐述了地理本体和语义尺度的关系。探讨了地理信息语义尺度的变换机制，把地理信息语义尺度变换可分为等级关系的语义尺度变换、分类关系的语义尺度变换及构成关系的语义尺度变换，并用代数方法进行了形式化描述。阐述了基于形式化本体的地理概念语义相似性计算方法，对于完善尺度理论体系具有重要意义。

7.2 主要创新工作

本研究中，主要创新工作如下：

（1）在借鉴其他学科尺度和本学科已有研究成果的基础上分别从地理信

息运动过程的视角、地理信息的表征维是地理现象本征维的反映、地理信息对于地理现象刻画的要素三个方面，提出并阐述了地理信息科学中尺度的三种概念体系，即尺度的种类、尺度的维数、尺度的组分，并详述了它们的具体含义。

（2）概括并阐述了地理信息的尺度特性，主要包括：①尺度效应；②尺度依赖性；③空间可分性与语义联通性；④时间确定性；⑤尺度不变性与尺度一致性；⑥多尺度性与语义层次性。

（3）提出了地理信息的空间尺度变换机制。提出了基于对象的地理信息的尺度变换机制，主要包括空间形态的变换机制和空间拓扑关系的变换机制，提出地理信息尺度变换图谱的概念，探讨了地理信息形态变换图谱以及拓扑关系变换图谱。认为基于对象的地理信息的空间尺度变换主要是尺度上推，尺度上推的拓扑关系信息变换主要是由于地理对象空间形态的降维引起的。

（4）阐述了地理信息的时间尺度的内涵，探讨了地理信息时间尺度变换机制。在对时间进行形式化描述的基础上，对地理现象的线性时间拓扑关系进行了形式化的描述。在此基础上探讨了时间粒度变化对地理事件之间的线性时间拓扑关系的影响并进行了形式化描述。

（5）界定了地理信息语义尺度的内涵，探讨了语义尺度与地理本体的关系。探讨了地理信息语义尺度的变换机制，主要包括等级关系的变换机制、构成关系的变换机制和类别关系的变换机制，并进行了形式化描述。

7.3　展　　望

由于各种原因所限，本书仅在理论上初步探讨了地理信息科学尺度的相关问题，实际上在操作的层面尺度也一直是研究的热点之一。尺度变换一直都是地图学的核心的理论问题（制图综合）。地理信息新的表征和分析手段的出现，特别是在数字环境下，新情况、新问题的出现使尺度问题变得更为突出。由于尺度问题一直是地理信息科学核心的理论问题，对它探讨还有待于继续深入。由于各方面的原因，使得本书的工作还很不完善，还有许多问题有待于继续探讨。

多尺度分析的尺度效应问题。多尺度分析中经常会出现由于分析尺度的不同而出现结论不同或者相差很大的情况。那么对于不同的地理现象怎样选择适宜的尺度进行分析才能最好地反映地理现象的实际规律？怎样对地理信息的语义尺度进行定量化的描述，怎样对语义距离进行定量化的测定？地理过程在不同的尺度上具有什么样的相似性和不同？对于地理现象的时空模拟，怎样选择合适的时空尺度和语义尺度？怎样理解尺度对与表达介质的依赖性？虚拟地理环境中的尺度具有什么样的角色？怎样测度和控制尺度效应？空间尺度、时间尺度和语义尺度的如何协调一致问题等等，都需要进一步深入探讨。地理信息科学种尺度问题涉及各方面和各环节，而人们已经认识它的重要性，相信在人们的不断努力下，这些问题的逐渐解决将极大地促进地理信息科学的发展。

地理信息多尺度表达也是地理信息科学研究的核心问题，有关的几个问题还需进一步深入探讨：

（1）关键尺度函数演变型，关键尺度如何确定？建立多尺度的空间数据模型，必须在概念设计阶段就能提取出地理要素多尺度表达的关键尺度特征，应能反映出要素的多尺度变换中质变与量变、突变与渐变规律，同时也能反映出同一地理要素在不同尺度下的空间特征、语义特征，还要能反映出地理要素在不同尺度间的抽象的层次关系，以及其他属性之间的层次关系。

（2）有学者提出合理的多尺度抽象数据要满足以下几个条件，①地理要素表达的比例尺适宜（粒度大小适宜）；②数据在尺度间冗余度最小；③能反映地理要素尺度语义与空间一致变化上的突变、渐变规律；④符合人们对于地理要素的认知规律；⑤保持同一尺度间横向空间关系、语义关系一致；⑥保持多尺度间纵向语义关系、空间关系一致。这些条件合理吗？如何实现等等相关问题。

地理信息系统中多尺度模糊查询与多尺度一致性处理问题。目前的地理信息系统还不支持，但是这些是地理信息系统应该具备的一些常用的功能。例如查询中国东南沿海？河南省西部？中国中部地区？地理信息的多尺度分析，例如在实际中如何实现在河南省地级市行政区划地图上查询南部可以显示出，而且在河南省县级行政区划图上也可以显示，而且结果一致？

空间尺度、时间尺度与语义尺度的协调问题。对于地理现象的时空模拟，怎样选择合适的时空尺度和语义尺度？地理过程在不同的尺度上具有什么样的相似性和不同？怎样理解尺度对与表达介质的依赖性？虚拟地理环境中的尺度具有什么样的角色？空间尺度、时间尺度与语义尺度协调的标准是什么？在不协调的情况下会对人们的空间认知产生什么样的影响？等等问题都需要进一步探讨。地理信息科学种尺度问题涉及各方面和各环节，而人们已经认识到了它的重要性，相信在人们的不断努力下，这一问题的逐渐解决将极大地促进地理信息科学的发展。

而这还有待于地理信息科学工作者的继续努力。

参考文献

［1］ Honby A. S. et al. Oxford Advanced Learner's Dictionary of Curent English Oxford University Press, 1980.

［2］ Ai T. , Li Z. , Liu Y. Progressive Transmission of Vector Data Based on Changes Accumulation Model. The 11th International Symposium on Spatial Data Handling. Berlin: Springer Verlag, 2004.

［3］ Gore A. The digital earth: Understanding our planet in the 21st century. http: //www. digitalearth. gov/speech. Html.

［4］ Albert B. J. , Strahler A. H. , Li X. et al. Radiometric measurements of gap probability in conifer tree canopies. Remote Sensing Environment, 1990 (34): 179 – 1292.

［5］ Allen T. F. H. , Starr T. B. Hlerarchy: Perspectives for Ecological Complexity Chicago: University Press, 1982.

［6］ King A. W. Translating Models Across Scales in the Landscape. In: Turner M. G. , Gardner R. H. eds. Quantitative Methods in Landscape Ecology. Springer – Verlag, 1991: 479 – 518.

［7］ Armhein C. 1995 Searching for the elusive aggregation effect: Evidence from statistical simulations. Environment & Planning A, Jan. 1995, Vol. 27 Issue 1, pp. 105.

［8］ Arnell N. W. The Effect of Climate Change on Hydrological Regimes in Europe a Continental Perspective. Global Environment Change, 1999 (9): 5 – 23.

［9］ Becker F. , Li Z. L. Surface temperature and emiddivity at various scale, definition, measurement, and related problem ［J］. Remote Sensing Review, 1995 (12): 225 – 253.

［10］ Bergstro S. , Graham L. P. On the scale Problem in Hydrological Modeling. Journal of Hydrology, 1998 (211): 253 – 265.

［11］ Bloschl G. , Sivapalan M. Scale issues in hydrological model-ing: A review. Hydtol Pxncess, 1945, 9: 251 – 290.

［12］ Bloschl G. , Sivapalan (Eds). Special issue on scale issues in hydrological modeling. Hydrology Processes, 1995, 9: 251 – 290.

［13］ Buttenfield B. P. A Rule for Describing Line Feature Geometry. Buttenfield B. P. , Mcmaster R. B. , (Eds). Map Generalization: Making Rules for Knowledge Representation. London: Longmans Publishers, 1991: 150 – 187.

［14］ Buttenfield B. P. and McMaster R. B. (Eds). Map Generalization: Making Decisions for Knowledge Representation. London: Longmans Publishers, 1991.

［15］ Buttenfield B. P. , and McMaster R. B. Map Generalization: Making Rules for Knowledge Representation. Harlow, UK: Longman Scientific and Technical, 1991.

［16］ Cao C. , Lam N. Understanding the scale and resolution effects in remote sensing and GIS. Quattrochi D A, Goodchild M F. Scale in Remote Sensing and GIS. Lewis Publishers, 1997: 57 – 72.

［17］ Chang S. K. , Jungert E. and Li Y. Representation and retrieval of symbolic pictures using generalized 2D strings, In: SPIE Proceedings on Visual Communications and Image Processing, Philadelphia, 1989, pp. 1360 – 1372.

［18］ Chang S. K. , Shi Q. Y. and Yan C. W. Iconic indexing by 2D strings, IEEE Transactions on Pattern Analysis and Machine Intelligence, July 1987, Vol. 9, No. 3, pp. 413 – 427.

［19］ Chang S. K. , Jungert E. and Li Y. The design of pictorial Databases based upon the theory of symbolic projections, In: Buchmann A. , Günter O. , Smith T. and Wang Y. editors, Proceedings of the Symposium on the Design and

Implementation of Large Spatial Databases, Santa Barbara, CA, Lecture Notes in Computer Science Vol. 409, pp. 303 – 323, New York, NY, Springer – Verlag, 1989.

[20] Changyong Cao and Nina Siu – Ngan Lam. Understanding the scale and resolution effects in remote sensing and GIS. Dale A. Quattrochi and Michael F. Goodchild (Eds). Scale in Remote Sensing and GIS, Lewis Publishers, 1994: 57 – 72.

[21] Cui Z. , Cohn A. G. and Randell D. A. Qualitative and topological relationships in spatialdatabases, In: D. J. Abel and B. C. Ooi (eds.), Advances in Spatial Databases, Springer – Verlag, Singapore, 1993, pp. 296 – 315.

[22] Peuquet D. J. . It's about Time: A Conceptual Framework for the Representation of Temporal Dynamics in Geographic Information Systems. Annals of the Association of American Geographers, 1994, 84 (3): 441 – 461.

[23] Randell, Cui Z. and Cohn A. G. Aspatial logic based on region and.

[24] Davis J. C. A. , Laender A. H. F. Multiple representations in GIS: materialization through map generalization, geometric.

[25] Wright D. J. , Goodchild M. F. , and James D. Proctor. Demystifying the Persistent Ambiguity of GIS as "Tool" Versus "Science" . The Annals of the Association of American Geographers, 1997, 87 (2): 346 – 362.

[26] Divid M. M. Geographic information science: defining the field [A]. Duckham M. , Goodchild M. F. , Worboys M. F. Foundation of Geographic Information Science. London: Taylor & Francis, 2003: 3 – 18.

[27] Don Parks & Nigel Thrift. Times, spaces, and places. John Wiley & Sons, New York, 1980.

[28] E. Lynn Usery. Raster Data Pixels as Modifiable Areal Units. GIScience, 2000.

[29] Ehleringer J. R. , Field C. B. Scaling Physiological Processes: Leaf to Globe. San Diego: Academic Press, 1993.

[30] Ehlers M. , Amer S. Geoinformatics: an integrated approach to acquisition, processing and production for geo — (data. EGIS' 91, Brussel, Belgium,

1991：306 - 312.

[31] Eliseo Clementini and Paolino Di Felice. A spatial model for complex objects with a broad boundary supporting queries on uncertain data, Data & Knowledge Engineering, 2001, 37: 285 - 305.

[32] Elsa M. J. Measuring scale effects caused by map generalization and the importance of displacement [A]. Nicholas J. T., Peter M. A. Modelling Scale in Geographical Information Science [C]. Chichester: John Wiley & Sons, Ltd, 2001: 3 - 11.

[33] Fonseca F., Egenhofer M., Davis C.. Semantic Granularity in Ontology-driven Geographic Information Systems [J]. Annals of Mathematics and Artificial Intelligence, 2002, 36 (1 - 2): 121 - 151.

[34] Gardener R. H. Patterns, process, and the analysis of spatial scale.

[35] Peterson D. L., Parker T. V. Ecological Scale Theory and Applications. New York: Columbia University Press, 1998.

[36] Gardner H. (1985). The Mind's New Science: A History of the Cognitive Revolution. New York: Basic Books. Geoinformatica, 2006, 10: 359 - 394.

[37] Goodchild M. F., Proctor J. Scale in a digital geographic world. Geographical and Environmental Modeling, 1997, 1 (1): 5 - 23.

[38] Goodchild M. F., Quattrochi D. A. Scale, multiscaling, remote sensing and GIS. Quattrochi D. A., Goodchild M. F. Scale in Remote Sensing and GIS. Boca Rotan, Lewis Publishers, 1997: 1 - 11.

[39] Goodchild M. F. Models of scale and scales of modeling. In: Tate Nicholas J, Atkinson Peter M, Modelling Scale in Geographical Information Sciences. Chichester: John Wiley & Sons, Ltd., 2001: 3 - 10.

[40] Goodchild M. F. Models of scale and scales of modeling. NICHOLAS J T, PETER M A. Modelling Scale in Geographical Information Science [C]. Chichester: John Wiley & Sons, Ltd, 2001.

[41] Goodchild M. F. Geographical Information Science, Int. J. of Geographical Information Systems, 1992 (6): 31 - 47.

[42] Goodchild M. F., Eggenhpfer M. J., Kemp K. K., Mark, D. M. et al.

Introduction to the Varenius project, INT. J. Geographical Information Science, 1999, 13 (8): 731 – 745.

[43] Greig-smith P. Quantitative Plant Ecology. Berkeley: Lniversity of California Press, 1983.

[44] Gupta V. K., Mesa O. J., Dawdy D. R. Multiscaling theory of flood peaks: Regional quantile analysis. Water Resource Res., 1994, 30 (12): 3405 – 3421.

[45] Gupta V. K., Waymine E. Multiscaling properties of special rainfall and river flow distribution. J Geophysical Res., 1990, 95 (3): 1999 – 2009.

[46] Honsby K., Egenhofer M. Identity-based Change: A Foundation For Spation-temporal Knowledge Representation. International Journal of Geographical Information Science, 2000, 14 (3): 207 – 224.

[47] http: //www. aeoinfo tuwien ac at/ persons/ frank/frank. Html, 2004.

[48] http: //www. ncgia. ucsb. edu/giscc/units/u002/u002. html.

[49] http: //www. urisa. org/publications/journal/articles/the _ scale _ challeng_in_gis_based.

[50] https: //www. 2345. com/? 37297 – 30003.

[51] Stell J. and Worboys M. Stratifield Map Space: A Formal Basis for Multi-resolution Spatial Database, presented at International Symposium on Spatial Data Handling, Vanvouver, BC, Canda, 1998.

[52] Bird J. The Changing Worlds of Geography, a Critical Guide to Concept and Methods. Oxford: Clarendon Press, 1989: 19 – 43.

[53] Jelinski D. E., Wu J. The modifiable areal unit problem and implications for landscape ecology. Lnadscape Ecology, 1996, 11: 129 – 140.

[54] Jensen J. R. Introductory Digital Image Processing: A Remote Sensing Perspective. Upper Saddle River, NJ: Prentice Hall, 1996.

[55] Jeremy L. Mennis, Donna J Peuquet Etall. A conceptual framework for incorporating cognitive principles into geographical database representation. International Journal of Geographical Information Science, 2000, 14: 501 – 520.

[56] Jonston R. J., Gregory D. et al. Dictionary of human geography 4th edition. Oxford: Blackwell Publishers Inc, 2000: 42.

［57］ K. Hornsby. Identity-based Reasoning about Spatio-temporal Change. in Spatial Information Science and Engineering. Orono: University of Maine, 1999: 164.

［58］ Liu K. , Wu H. , Hu J. Fundmental problems on scale of geographical information science. International conference, Geoinformatics, Nanjing, China, 2007.

［59］ Kershaw K. A. , The use of cover and frequency in the detection of pattern in plant communities. Ecology, 1957, 38: 291 – 299.

［60］ Klippel A. , Worboys M. , Duckham M. Identifying factors of geographic event conceptualisation. International Journal of Geographical Information Science, 2008, 22 (2): 183 – 204.

［61］ Kolaczyk E. D. , Huang H. Multiscale statistical models for the hierarchical spatial aggregation. Geographical Analysis, 2001, 33 (2): 95 – 118.

［62］ Lam N. and Quattrochi D. A. On the issues of scale, resolution, and fractal, analysis in the mapping sciences, prof. geogr. , 1992, 44 (88):

［63］ Langran G. Issues of implementing a spatiotemporal system ［J］. International Journal of Geographical Information Systems, 1993, 7 (4): 305 – 314.

［64］ Laurini R. , Thompson D. Fundamentals of Spatial Information Systems. APIC series No. 37, Acaclemic Press, New York: 1992.

［65］ Lee D. C. Multiresolution covariation Among landsat and avhrr vegetation indicews. A. Quattrochi and Michael F. Goodchild (Eds). Scale in Remote Sensing and GIS, Lewis Publishers, 1994: 73 – 91.

［66］ Leick, A. GPS Satellite Surveying. New York: Wiley, 1995.

［67］ Li X. , Strahler A. H. Geometric-optical modeling of a conifer forest canopy. IEEE Trans Geoscience and Remote Sensing, 1985, GE23: 705 – 721.

［68］ Li X. , Wan Z. Commente on reciprocity in the BRDF Modeling. Progress in Natural Sciences, 1999, 8 (3): 354 – 358.

［69］ Li Xin, Hu Fei et al. Multi-scale Fractal Characteristics of Atmospheric Boundary-layer Turbulence. Advances in Atmospheric Sciences, 2001, 18 (5): 787 – 792.

［70］ Li Z. , Yan H. , AI T. et al. Automated building generalization based on urban morphology and gestalt theory ［J］. International Journal of Geographic Information Science, 2004, 18（5）: 513 –534.

［71］ Li Zhilin and Openshaw S. A Natural Principle for Ob-jective Generalisation of Digital Map Data ［J］. Cartography and Ge-ographic Information System, 1993, 20（1）: 19 –29.

［72］ Li, Zhilin. Scale: A Fundamental Dimension in Spatial Representation Towards, Digital Earth-proceedings of the International Symposium on Digital Earth, Science Press, 1999.

［73］ Bian L. , Multiscale Nature of Spatial Data in Scaling Up Environmental Modes. Dale A. Quattrochi and Michael F. Goodchild（Eds）. Scale in Remote Sensing and GIS, Lewis Publishers, 1994: 13 –26.

［74］ Lin W. , Zhao Y. et al. A 3D GIS spatial data model based on conformal geometric algebra ［J］. Science China Earth Science, 2011, 54（1）: 101 –112.

［75］ Longley P. A. , Goodchild M. F. , Maguire D. J. et al. Geographic Information Systems and Science, 2nd Edition ［M］. New York: Wiley, 2005.

［76］ M. F. Goodchild, Proctor J. Scale in a digital geographicworld. Geographical and Environmental Modeling, 1997, 1: 5 –23.

［77］ M. F. Goodchild. What is Geographic Information Science? NCGIA Core Curriculum in Geographic Information Science URL: Max J. Egenhofer and John R. Herring. Categorizing binary to pological relations betweenregions, lines, and points on geographic databases. Technical Report, Department Surveying Engineer, University of Maine, Orono, ME（submitted for publication）, 1991.

［78］ M. F. Goodchild et al. Future directions for geographical information science. Geographical Information Science, 1995（1）: 1 –7.

［79］ M. F. Goodchild, et al. Scale, Multiscaling, Rrmote Ssnsing and GIS. In D. A. Quattrochi and M. F. Goodchild（Eds）, Scale in Remote Sensing and GIS, Lewis Publishers, 1997: 1 –11.

［80］ Maguire D. J. , M. F. Goodchild, and D. W. Rhind Geographical Information Systems: Principles and Applications. Harlow, UK: Longman Scientific and Technical, 1991.

[81] Marceau D. J. The scale issue in the social and natural sciences. Canadian Journal of Remote Sending, 1999, 25: 347 –356.

[82] Mark D. M. Geographic information science: Critical issues in an emerging. cross-disciplinary research domain. Journal of the Urban and Regional Information. Systems Association, 2000, 12 (1): 45 –54.

[83] Mark D. M. and Egenhofer, M. Modeling Spatial Relations Between Lines and Regions: Combing Formal Mathematical Models and Human Subjects Testing, Cartography and Geographica Information Systems, 1994, 21 (3): 195 –212.

[84] Mark D. M. , Smith B. , Egenhofer M. & Stephen Hirtle S. C. (2004). Ontological foundations for geographic information science, In R. B. McMaster and L. Usery (eds.), Research Challenges in Geographic Information Science (pp. 335 –350). Boca Raton, FL: CRC Press.

[85] Martin C. C. , Andreas H. et al. The Scale Challenge in GIS-based Planning and Decsion Making in Mountain Environments.

[86] Max J. Egenhofer and Franzosa R. Point-set topological spatial relations, International Journalof Geographical Information Systems, 1991, 5 (2): 161 –174.

[87] Max J. Egenhofer and Jayant Sharma. Topological consistency, In fifth International Symposium on Spatial Data Handling, Columbia, SC: International Geographical Union, 1992: 335 –343.

[88] Egenhofer M. J. and Sharma J. Topological relations between regions in R2 and Z2, Advances in Spatial Databases – Third International Symposium on Large Spatial Databases, SSD' 93, Singapore, D. Abel and B. C. Ooi (eds.), Lecture Notes in Computer Science, June 1993, Vol. 692, Springer – Veriag, pp. 316 –336.

[89] Egenhofer M. J. and John R. Herring. Categorizing binary topological relations between regions, lines, and points on geographic databases. Technical Report, Department of Surveying Engineer, University of Maine, Orono, ME (sub-

mitted for publication), 1991.

[90] Egenhofer M. J. , Clementini E. and Felice P. D. Topological relations between regions with holes, International Journal of Geographical Information Systems, 1994, 8 (2): 129 – 144.

[91] Mcmaster R. B. Sheppard E. Introduction: scale and geography inquiry. In Sheppard E. Mcmaster P B. eds. Scale and Geographic Inquiry [C] Oxford: Blackwell Publishing Ltd. 2004: 1 – 22.

[92] Michael F. G. & James P. Scale in a Digital Geographic World. Geographical and Environmental Modeling, 1997 (1): 5 – 23.

[93] Michael F. G. et al. Scale, Multiscaling, Rrmote Sensing and GIS. In Quattrochi D A, Michael F G (Eds), Scale in Remote Sensing and GIS, Lewis Publishers, 1997: 1 – 11.

[94] Michael F. Worboys. Metrics and topologies for geographic space, In: Proceedings of the 7th International Symposium of Spatial Data Handing, Delft, Netherlands, 1996.

[95] Molenaar M. and S. de Hoop. Advanced Geographic Data Modelling: Spatial Data Modelling and Query Languages for 2D and 3D Applications. Publications on Geodesy, New Series, 1994, No. 40. Delft: Netherlands Geodetic Commission.

[96] Muehrcke, P. C. and Muehrcke J. O. Map Use: Reading, Analysis, and Interpretation. Madison, WI: JP Publications, 1992.

[97] Müller, J. C. , Lagrange J. P. and R. Weibel. editors (1995) GIS and Generalization: Methodology and Practice. London: Taylor and Francis.

[98] Myneni R. B. , Ross J. Photon-vegetation Interactins: Application in Optical Remote Sensing and Plant Ecology [M]. New York, Berlin Heidelberg: Spring-verlag, 1992.

[99] Guarino N. . Formal Ontology and Information System. in Formal Ontology in Information Systems, N. guarino, Ed. Amsterdam, Netherlands: IOS Press, 1998: 3 – 15.

[100] O'Nelll B. V. , DeAngelis D. L. , Waide J. B. et al. A Hierarchical T.

Concept of Ecosystem. Princeton: Princeton University Press, 1986.

［101］Ogden C. K. & Richard I. A. The Meaning of Meaning. New York: Harcout, Brace and Company, 1923.

［102］Openshaw S. , Alvandies S. Applying geocomputation to the analysis of spatial distributions. In Longley P, Goodchild M, Maguire D, Rhind, D (eds) Geograhpic Information Systems: Principles and Technical Issues. New York: John Wiley and Sons Inc. 1999 , Vol. 1, 2nd .

［103］Openshaw S. The modifiable Areal unit problem. Norwich: Geo Books. 1984.

［104］Openshaw S. Taylor P. The modifiable area unit problem. In: Wrigley N, Bennett R, ed. Quantitative Geography: Abritish View, London: Routledge and Keyan Paul, 1981: 60 - 70.

［105］Ott T. , Swiaczny F. Time-integrative Geographic Information Systems ［M］. Berlin, Heidelberg: Springer - Verlag, 2001: 1 - 15.

［106］Packs D. , Thrift N. Times, spaces, and places. John Wiley & Sons, New York. 1980.

［107］Peuquet D. J. , Duan N. An Event-based spatiotemporal data modal (ESTDM) for temporal analysis of geographical data ［J］. International Journal of Geographical Information System, 1995, 9 (1): 7 - 24.

［108］Peuquet D. , Zhan C. X. An algorithm to determine the directional relationship between Aibitrarily - shaped polygons in the plane. Pattern Recognition, 1987, 20 (1): 65 - 74.

［109］Peuquet D. J. A conceptual framework and comparison of spatial data models. *Cartographica*. 1984, 21 (4): 66 - 113.

［110］Pullar D. and Egenhofer M. J. Towards formal definitions of topological relations among spatial objects. In: D. Marble, editor, Third International Symposium on Spatial DataHandling, pages 225 - 242, Sydney, Australia, 1988.

［111］Quattrochi D. A. Spatial and temporal scaling of thermal infrared remote sensing data. Remote Sensing Review, 1995, 12: 255 - 286.

［112］Raquel V. , Paola Magillo et al. Multi - VMap: A Multi-scale Model for Vector Maps.

[113] Reitsma F. , Albrecht J. Implementing a New Data Model for Simulating Processes. International Journal of Geographical Information Science, 2005, 10 (19): 1073 – 1090.

[114] Schulze R. . Transcending scales of space and tine in inpact studies of clinate and (linate change on agmhpdmlogical responses. AgriculhmP Ecosystens and Envimnnenl 2001, 82: 185 – 212.

[115] Stevens S. S. On the Theory of Scale of Measurement. Science. 1946, Vol. 103, No. 2684: 677 – 680.

[116] Schneider D. C. Quantitative Ecology: Spatial and Temporal Scaling. New York: Academic Press, 1994.

[117] Schnelder I. C. The rlse crf the amcept Of scale In ecology. Bloscleme, 2001, 51: 545 – 553.

[118] Sheppard E. , Mcmaster R. B. Scale and geographic inquiry: contrasts, intersection, and boundaries. In Sheppard E, Mcmaster R B, Eds. 2004: 256 – 267.

[119] Shu H. S. Lefanos. and Its Support in L ncerLainLv of Geographic Information MADS. Proceedinns of the 2nd Inler-national Symposium on Spatial Data Qualilv, Hong Kong, 2003.

[120] Stell J. , Worboys M. Stratified Map Space: A Formal Basic for Multiresolution Spatial Databases. Presented at International Symposium on Spatial Data Handling, Vancouver, B. C. , Canada, 1998, 98: 180 – 189.

[121] Thomas Ott and Frank Swiaczny. Time-integrative Geographic Information Systems. Springer, Berlin: 2001.

[122] UCGIS, Research Priorities for Geographical Information Science. Cartography and Geographic Information System, 1996, 23 (3): 115 – 127.

[123] Watt A. S. Pattern and process in the plant community. Journal of Ecology, 1947, 35: 1 – 22.

[124] Wiens, T. A. Spatial scaling in ecology. Functional Ecology, 1989, 3: 385 – 397.

［125］ Withers M. A. , Meentemeyer V. Concepts of Scale In landscape ecology. In：Klopatek， A. J. M. and Gardemner B. H. eds. Landscape Eallogical Analysis：Issues Applications. New York：Springer，1999：205 – 252.

［126］ Woodcock C. E. , Strahler A. H. The factor of scale in remote sensing. Remote Sensing of Environment，1987，21（3）：311 – 332.

［127］ Worboys M. F. GIS：A Computing Perspective. London：Taylor & Francis Inc，1995：55 – 68.

［128］ Worboys M. Event-oriented approaches to geographic phenomena. International Journal of Geographical Information Science，2005，19（1）：1 – 34.

［129］ Wrigley，N. ，Holt，T. ，Steel，D. and Tranmer，M. Analysing，modelling，and resolving the ecological fallacy. Pages 25 – 40 in P. Longley and M. Batty（eds）Spatial analysis：modelling in a GIS environment. Cambridge：GeoInformation International. 1996.

［130］ Wu J. ，Li H. Concepts of scale and scaling. Wu J. ，Jones K. B. ，Li H. ，et al. eds. Scaling and Uncertainty Analysis in Ecology：Methods and Applications. Dordrecht：Springer，2006：3 – 16.

［131］ Xu J. H. ，Yue W. Z. X. et al. A statistical study on spatial effect of urban landscape pattern ——A case study of the Eastern Part in Zhujing Datla. Universitatis Pekinensis（Acta Scientiarum Naturalium）. 1998，34（6）：820 – 826.

［132］ 阿尔·戈尔. 濒临失衡的地球. 陈嘉映等译，中央编译出版社，1997.

［133］ 艾廷华，成建国. 对空间数据对尺度表达问题的思考. 武汉大学学报（信息科学版），2005，30（5）：377 – 382.

［134］ 艾廷华. 地理信息科学中的尺度及其变换，学术报告，2006.

［135］ 曹云刚. 基于分形理论的 DEM 数据内插算法研究. 微机算计信息，2007，23（8 – 3）：184 – 185.

［136］ 曾建超，俞志和. 虚拟现实技术及其应用. 北京：清华大学出版社，1996：3.

［137］ 陈敏，张国琏. 上海浦东地区"梅雨期"降水及其多尺度时频特征. 南京气象学院学报，2007，30（3）：305 – 341.

［138］陈述彭，周成虎等．地理信息系统导论．北京：科学出版社，2002：96－99.

［139］陈述彭．大比例尺景观制图方法及其实验，地学探索（第一卷）：地理学．北京：科学出版社，1992：189－211.

［140］陈述彭．地球信息科学刍议．地球信息，1996（1）.

［141］陈述彭．地球信息科学的推进与交流．地球信息，1997（2）.

［142］陈述彭等．地理信息系统导论［M］.北京：科学出版社，1999.

［143］陈喜，陈永勤．日降雨量随机解集研究．水利学报，2001（4）：47－52.

［144］承继承，李琦等．国家空间信息寄出设施与数字地球．北京：清华大学出版社，1999.

［145］崔伟宏，张显锋等．时态地理信息系统研究［J］.上海计量测试，2006（4）：6－12.

［146］丁晶，工文圣，金菊良．论水文学中的尺度分析．四川大学学报（工程科学版），2003：35（3）.

［147］杜品仁，马宗晋等．中新生代全球尺度地质过程及其对自然环境的影响［J］.地学前缘（中国地质大学学报，北京），2003，12（Suppl）：38－44.

［148］杜清运．空间信息的语言学特征及其自动理解机制研究，武汉大学博士学位论文.

［149］费立凡、何津等．3维Douglas－Peucker算法及其在DEM自动综合中的应用研究．测绘学报，2006，35（3）：278－284.

［150］傅伯杰．景观生态学原理及应用．北京：科学出版社，2001.

［151］龚健雅．GIS中面向对象时空数据模型［J］.测绘学报，1997，26（4）：289－298.

［152］郭庆胜等．地理空间推理．北京：科学出版社，2006.

［153］郭庆胜等．地理空间推理与渐进式地图综合．武汉：武汉大学出版社，2007.

［154］哈特向，黎樵译．地理学性质的透视．北京商务印书馆，1981：83.

[155] 郝振纯，任立良等．陆气耦合水文模型研究，淮河流域能量与水分循环研究（一）．北京：气象出版社，1999.

[156] 黑格尔．小逻辑．北京：商务印书馆，1980.

[157] 胡安埕，郭生练等．基于小波变换的汉江径流量多时间尺度分析．人民长江，2006，37（11）：61－63.

[158] 黄慧萍．面向对象影像分析中的尺度问题研究．中国科学院博士学位论文，2002.

[159] 黄杏元，马劲松，汤勤等．地理信息系统概论．北京：高等教育出版社，2002.

[160] 简茂球．气候变量时间序列的尺度分解的讨论．中山大学学报（自然科学版），2006，45（1）：95－97.

[161] 蒋捷，陈军．基于事件的土地划拨时空数据库若干思考．测绘学报，2000，29（1）：64－70.

[162] 孔云峰，李小建，乔家君等．地理信息系统学科中几个基本问题探讨．地理与地理信息科学，2006，22（5）：1－9.

[163] 李德仁，龚建雅等．中国空间数据基础设施建设．测绘通报，2002，（11）4－7.

[164] 李德仁，李清泉．论地球空间信息科学的形成．地球科学进展，1998，13（4）：319－326.

[165] 李德仁．论地理信息科学的形成与发展．武汉测绘科技大学学报，1995，20（增刊）：18－22.

[166] 李霖，李德仁．GIS中二维空间目标的非原子性和尺度性．测绘学报，1994，23（4）：315－321.

[167] 李霖，吴凡．空间数据多尺度表达模型及其可视化．北京：科学出版社，2005.

[168] 李霖，应申．空间尺度基础性问题研究．武汉大学学报（信息科学版），2005，30（3）：119－123.

[169] 李霖，朱海红，王红等．基于形式本体的基础地理信息语义分析——以陆地水系要素类为例［J］．测绘学报，2008，37（2）：230－236.

[170] 李霖，李德仁．GIS中二维空间目标的非原子性与尺度特性．测绘

学报，1994（4）：315 – 324.

［171］李霖，应申．空间尺度基础性问题研究．武汉大学学报（信息科学版），2005，30（3）：199 – 203.

［172］李眉眉，丁晶等．基于混沌理论的径流降尺度分析．四川大学学报（工程科学版），2004，36（3）：14 – 17.

［173］李双成，蔡云龙．地理尺度转换若干问题的初步探讨．地理研究，2005，24（1）：11 – 17.

［174］李小建．经济地理学研究中的尺度问题．经济地理，2005，25（4）：433 – 436.

［175］李小文、王锦地．地表非同温像元发射率的定义问题．科学通报，1999，44（5）：1612 – 1616.

［176］李志林．地理空间数据处理的尺度理论．地理信息世界，2005，11（2）：1 – 5.

［177］李志林．地理空间数据处理的尺度理论．地理信息世界，2005，3（2）：1 – 5.

［178］李志林．地理信息处理的尺度理论．地理信息世界，2005，3（2）：1 – 5.

［179］刘凯，毋河海，秦耀辰等．地理信息尺度的三重概念及其变换．武汉大学学报（信息科学版），2008，33（11）：1178 – 1181.

［180］刘妙龙，周琳．地理信息科学学科领域界定再思考．地理于地理信息科学，2004，20（3）：1 – 5.

［181］刘明亮，刘纪远等．基于1km格网的空间数据尺度效应研究．遥感学报，2001（5）：183 – 192.

［182］刘润清．现代语言学名著选读．北京：测绘出版社，1988.

［183］刘晓云，岳平等．酒泉市最近54a气温和降水特征分析．干旱区研究，2006，23（3）：495 – 499.

［184］鲁学军，励惠国等．地理时空等级组织体系初步研究．地球信息科学，2000，（1）：60 – 67.

［185］鲁学军，周成虎．地理空间的尺度—结构分析模式探讨．地理科学进展，2004，23（2）：107 – 114.

[186] 闾国年, 吴平生, 陈忠明等. 地理信息特点的研究. 南京师范大学学报 (自然科学版), 2000, 23 (2): 120 - 124.

[187] 闾国年, 吴平生等. 地理信息特点的研究. 南京师大学报 (自然科学版), 2000, 23 (2): 120 - 124.

[188] 马霭乃, 邬伦等. 论地理信息科学的发展. 地理学与国土研究, 2002, 18 (1): 1 - 5.

[189] 秦耀辰. 区域系统原理与应用. 北京: 科学出版社, 2004.

[190] 史蒂芬·霍金, 吴忠超 (译). 果壳中的宇宙. 长沙: 湖南科学技术出版社, 2003: 101 - 130.

[191] 舒红. 地理空间的存在. 武汉大学学报 (信息科学版), 2004, 29 (10): 866 - 869.

[192] 束定芳. 现代语义学. 上海: 上海外语教育出版社, 2001.

[193] 苏理宏, 李小文, 黄裕霞. 遥感尺度问题研究进展. 地球科学进展, 2004: 16 (4).

[194] 孙海清. 降水量与地下水埋深的小波分析——以广饶县井灌区为例. 水土保持研究, 2007, 14 (2): 55 - 58.

[195] 孙庆先, 李茂堂, 路京选等. 地理空间数据的尺度问题及其研究进展 [J]. 地理与地理信息科学, 2007, 23 (4): 54 - 59.

[196] 孙燕, 林振山等. 中国耕地数量变化的突变特征及其驱动机制. 资源科学, 2006, 28 (5): 57 - 61.

[197] 王惠南. GPS 导航原理与应用. 北京: 科学出版社, 2003: 1 - 3.

[198] 于明常, 应申等. 基于 Voronoi 图的空间信息多尺度表达. 吉林大学学报 (地球科学版), 2005, 35 (4): 539 - 542.

[199] 王桥, 毋河海. 地图信息的分形描述和自动综合研究. 武汉: 武汉测绘科技大学出版社, 1998.

[200] 王文圣, 丁晶等. 水文时间序列多时间尺度分析的小波变化法. 四川大学学报 (工程科学版), 2002, 34 (6): 14 - 17.

[201] 韦玉春, 陈锁忠等. 地理建模原理与方法. 北京: 科学出版社, 2005. 1 - 5.

[202] 韦玉春, 陈锁忠等. 地理建模原理与方法. 北京: 科学出版社,

2005.

[203] 邬建国. 景观生态学——格局、过程、尺度与等级. 北京：高等教育出版社，2000.

[204] 毋河海. 地图数据库系统. 北京：测绘出版社，1991.

[205] 毋河海. 地图信息自动综合基本问题研究. 武汉测绘科技大学学报，2000，25（5）：377-386.

[206] 吴凡，李霖. 地理空间数据的尺度特征描述，见第五届全国地图学学术讨论会论文集，广州：广东地图出版社，2000.

[207] 夏军. 区域尺度气象因子向局部尺度解集的灰色系统与模式识别方法研究. 水科学进展，1998，7（增刊）：73-79.

[208] 夏军. 水文尺度问题. 水利学报，1993（5）：32-36.

[209] 熊汉江，龚健雅，朱庆. 数码城市空间数据模型与可视化研究. 武汉大学学报（信息科学版），2001，26（5）：393-398.

[210] 徐冠华序. 见：承继承、林珲等编著，数字地球导论，北京：科学出版社，2000.

[211] 闫浩文. 空间方向关系理论研究. 成都：成都地图出版社，2003.

[212] 杨开忠，沈体雁. 试论地理信息科学. 地理研究，1999，18（3）：260-266.

[213] 杨晓云，唐咸远等. 基于等高线生成 DEM 的内插算法及其精度分析. 测绘工程，2006，15（2）：37-39.

[214] 杨族桥，郭庆胜. 基于提升方法的 DEM 多尺度表达研究. 武汉大学学报（信息科学版），2003，28（4）：496-498.

[215] 杨族桥，郭庆胜等. DEM 多尺度表达与地形结构线提取研究. 测绘学报，2005，34（2）：134-137.

[216] 尹章才，李霖. 基于 Petri Net 的多尺度表达模型研究，地理与地理信息科学，2005，21（3）：5-9.

[217] 应申，李霖等. 地理信息科学中的尺度分析. 测绘科学，2006，31（5）：18-21.

[218] 岳天祥，刘纪远. 生态地理建模中的多尺度问题. 第四纪研究，2003，23（3）：256-261.

［219］张晶，邬伦．虚拟现实技术在地理信息系统中的应用．地理学与国土研究，2002，18（2）：19 – 22.

［220］张娜．生态学中的尺度问题：内涵与分析方法．生态学报，2006，26（7）：2340 – 2315.

［221］张彤，蔡永立．谈生态学研究中的尺度问题．生态科学，2005，23（2）：175 – 178.

［222］张祖勋．时态 GIS 的概念、功能和应用［J］．测绘通报，1995，（2）：12 – 14.

［223］赵春燕．基于 SVG 的空间数据多尺度表达．海洋测绘，2005，25（3）：45 – 48.

［224］赵文武，傅伯杰等．尺度推绎研究中的几点基本问题．地球科学进展，2002，17（6）：905 – 911.

［225］赵玉梅，李成名，靳奉祥．时态地理信息系统中时间的形式化定义．测绘通报，2003（3）：19 – 21.

［226］钟晔，金昌杰等．水文尺度转换探讨．应用生态学报，2005，16（8）：1537 – 1540.

后　记

　　本书是我多年从事地理信息科学尺度问题思考、探讨与研究的阶段性总结。我的博士生导师毋河海教授多年来从事地理信息的综合研究引起了我对地理信息科学中尺度问题的关注。因此从事地理信息科学尺度问题的探讨可以追溯至博士学习时期。本书除了凝结我自己多年的心血之外，许多老师和同学也都给予了很多的帮助和指导。在三年的博士学习生活中，毋河海教授学业上诲人不倦，生活上处处关心，师母张清华教授也多方面给予鼓励和无微不至的爱护。毕业之后每次和毋老师打电话，都能够感受到老先生对我的殷切期望和无限关怀，每次和先生的沟通与交流都会使我受益良多。虽然先生已经去世了，但是出版一本地理信息科学尺度问题研究的著作也是对先生多年谆谆教导的一个告慰。

　　感谢杜清运教授、李霖教授、郭庆胜教授在博士论文开题时给予的诸多建议和指导，他们的建议和指导使我受益匪浅。

　　感谢艾廷华教授给予的指导和帮助，和艾廷华教授的讨论使我对一些问题有了新的认识。

　　感谢武汉大学资源与环境科学学院的李全博士、代侦勇博士、雷起虹老师给予的关心和帮助，感谢博士班的同学杨明、李洪省、陈飞以及其他每一位同学。

　　感谢我原来的同事和朋友吉献稳、邢庆庚、刘立、王勉、黄海，多年来他们给予了物质和精神上的诸多帮助，为我克服一个个的困难提供了支持。

　　感谢河南大学秦耀辰教授！秦老师是我的硕士生导师，多年前，正是秦老师的悉心教导，帮助我开始走上科研的道路，使自己从一个对科研懵懵懂懂的青年逐渐成长为热爱科研的工作者。秦老师以严谨的治学精神、真诚待人的品质、宽广仁慈的胸怀、精益求精的工作追求、积极乐观的生活态度，为我树立事业和生活的典范，他的教诲与鞭策将激励我在科学和教育的道路上继续前进。

感谢河南大学环境规划学院秦奋教授、朱连奇教授、孔云峰教授。几位老师为人正直，待人谦逊，谢谢他们的帮助和关心。感谢闫卫阳副教授、鲁奉先副教授、张燕博士、张金萍博士、张丽君博士，每次和他们讨论问题，都会有所收获，谢谢他们的帮助和关心。

感谢南京师范大学龙毅教授，多年来龙老师对我的批评指导，使我受益匪浅。

衷心感谢我的母亲和九泉之下的父亲，感谢他们的养育之恩，在我多年在外的求学生涯中，是他们的辛勤劳作支撑了整个家。我奔波到哪里，母亲的心就跟到了哪里。多年的求学生涯中，母亲承担了太多的担子，一直默默无闻地支持我、鼓励我。

感谢妻子齐亚敏女士，她不仅为我生了儿子和女儿，而且承担绝大部分的养育与照料任务，使得我能够把精力放在自己的工作和学业上，这些年一直鼓励我，给我以各种支持。

感谢经济科学出版社刘莎女士，在本书的出版过程中，刘女士付出大量的心血，使得本书能够按时高质量地顺利出版。

感谢所有关心和帮助过我的亲人和朋友们。

当下社会日益增大的生活压力，使得很多人沾染上浮躁的气息，开始失去理想，在物质的欲望中挣扎，随波逐流，变得有些功利。学术的静谧与纯洁、知识的真与美一直是我向往的东西，这与生活的理想、人生的价值追求有某种契合。我想我在这方面是幸运的，纯粹的生活目的、物质上欲求的简单，使我在求学之路上不至于纠结现实生活的琐碎，可以笃心于自己喜欢的事情。

我很喜欢校园里的生活，因为从上小学开始就没有离开过校园，在那里，人际关系相对简单一些，动机相对单纯一些，少了社会上的喧嚣，多了份书香气，少了功利，多了思想的探索。多年的校园生活使我习惯了象牙塔的自由与独立，在当下物质欲望横流的社会中，那里或者是一种自己理想生活方式的栖息地。

刘凯于郑州

2017 年 6 月